基于金属氧化物 TiO_2 和 Y_2O_3 纳米材料光电性能的研究

鲁启鹏　侯延冰　著

U0352778

北京交通大学出版社

·北京·

内 容 简 介

本书围绕 TiO_2 和 Y_2O_3 纳米材料的光电性能展开研究，主要内容分为三部分：采用光催化合成的方法制备 TiO_2-Ag 复合纳米材料，并对纳米结构形成的机理做出了解释；在 TiO_2 纳米棒催化合成 Au 纳米颗粒的过程中，通过对实验条件的控制进行 Au 纳米颗粒形成机理的研究；通过共沉淀和热处理的合成方法制备 Y_2O_3：Er，Yb 纳米颗粒，通过表面活性剂引入缺陷和高温退火消除缺陷，研究了两种合成方法对 Y_2O_3：Er，Yb 纳米颗粒的形貌及上转换发光性质的影响，并在此基础上阐述了发光颜色调控的机理。

本书适合材料学的研究生和相关科研人员阅读。

图书在版编目（CIP）数据

基于金属氧化物 TiO_2 和 Y_2O_3 纳米材料光电性能的研究 / 鲁启鹏，侯延冰著. — 北京：北京交通大学出版社，2016.4

ISBN 978-7-5121-2680-0

Ⅰ. ① 基… Ⅱ. ① 鲁… ② 侯… Ⅲ. ① 氧化物-金属材料-纳米材料-研究 Ⅳ. ① TB383

中国版本图书馆 CIP 数据核字（2016）第 045061 号

基于金属氧化物 **TiO₂** 和 **Y₂O₃** 纳米材料光电性能的研究
JIYU JINSHU YANGHUAWU TiO₂ HE Y₂O₃ NAMI CAILIAO
GUANGDIAN XINGNENG DE YANJIU

责任编辑：田秀青

出版发行：北京交通大学出版社　　　　电话：010-51686414　http：//www.bjtup.com.cn

地　　址：北京市海淀区高梁桥斜街 44 号　邮编：100044

印　刷　者：北京艺堂印刷有限公司

经　　销：全国新华书店

开　　本：170 mm×235 mm　印张：8.5　字数：119 千字

版　　次：2016 年 4 月第 1 版　2016 年 4 月第 1 次印刷

书　　号：ISBN 978-7-5121-2680-0/TB·44

定　　价：39.00 元

本书如有质量问题，请向北京交通大学出版社质监组反映。对您的意见和批评，我们表示欢迎和感谢。

投诉电话：010-51686043，51686008；传真：010-62225406；E-mail：press@bjtu.edu.cn。

前　言

　　纳米材料由于其具有的独特光学、电学、磁学、催化和超导性质等，使其受到了电子、化工、冶金、催化、医药、航空等领域科学家的广泛关注。纳米技术带来的产品研发仍处于萌芽阶段，很多新型的纳米材料仍在研究之中，关于纳米材料的合成方法、性质研究、机理解释仍然方兴未艾。

　　纳米是一个长度单位，是指 1 米的十亿分之一（1 mm=10^{-9} m）。纳米技术则是一门研究在纳米尺度下，材料的设计、制备、组成方法及应用的一门学科。它的出现，标志着人类对于自然的认识已经延伸到原子、分子水平，同时说明，人类科学技术的发展已经进入到一个新的时代——纳米技术时代。

　　本书的研究工作主要集中在二氧化钛和三氧化二钇纳米颗粒的合成、表征及光电性质的研究。二氧化钛纳米材料，是半导体纳米光催化材料的典型代表，由于其催化效率高、化学性质稳定、无毒、成本低、适用范围广，而且具有在光照下不会发生光腐蚀，对生物无毒性等优点而受到各国科学家的关注。在本书的第 2 章和第 3 章，将首先介绍二氧化钛纳米棒的制备，以及 TiO$_2$–Ag 复合纳米颗粒的形成机理，随后阐述二氧化钛纳米棒催化合成贵金属纳米颗粒的方法及机理。

　　而对于三氧化二钇纳米材料的研究，主要集中在将其作为发光的基质材料而进行研究。相比其他基质材料，三氧化二钇纳米材料具有声子能量较小、化学性质稳定、热稳定性好等优点，目前已广泛应用于激光、储存、特种耐火材料等领域。在本书的第 4 章，详细介绍了基于三氧化二钇的上转换纳米材料的制备，随后介绍了在制备过程中表面活性剂对纳米颗粒粒径的控制，以及缺陷的引入和消除对上转换发光性质的影响。

本书中所涉及的研究得到教育部高校跨世纪人才基金（No. NCET-08-0717）、国家自然科学基金（No. 61275175、No. 61036007、No. 61125505 和 No. 60978061）、国家杰出青年基金（No. 61125505），国家"111"高校专项人才引进项目（No. B08002）的资助。

作者

2015 年 9 月

目　录

1

引　言

　　金属氧化物纳米材料已广泛应用于制备催化剂、磁性材料、荧光材料、吸波材料、精细陶瓷等方面。例如，氧化铝纳米材料由于其硬度高、稳定性好，可被用于生产耐火材料，起到补强增韧的作用；氧化锡纳米材料作为一种重要的半导体传感材料，可被应用于可燃气体、工业废气及有毒有害气体的检测；氧化锌纳米材料在光、电等方面呈现出与常规材料不同的性质，而被应用于生产涂料及制备太阳能电池等。

　　各国科研工作者已经研发出多种制备金属氧化物纳米材料的方法，如水热法、溶胶凝胶法、湿化学法、共沉淀法等。而随着纳米材料制备手段的完善，对于两种或是多种复合纳米材料的制备也有了长足的进步。在本章中，将对二氧化钛和三氧化二钇纳米材料的材料特性、研究现状和制备方法等方面进行介绍。

1.1 基于二氧化钛的纳米材料

把二氧化钛作为太阳能转换和储能材料的研究开始于 1972 年，在 Fujishima 和 Honda 发表在 *Nature* 上的一篇论文中，二人首次报道了应用二氧化钛在光电化学池中可以水解产生氢气[1]。此后，应用半导体材料作为光催化剂的研究得到了迅速的发展，而针对光催化剂应用方面的开发，也从开始的光解水制氢气，延伸到光催化降解污染物，光催化净化空气等方面。

一般用作光催化剂的半导体材料需要具有较宽的能带以促使其发生催化化学反应，而且半导体材料需要具有良好的稳定性。Ashokkumar 曾对可以用在光解水制氢气的光催化剂半导体材料进行了归纳总结，这些半导体材料主要包括二氧化钛（TiO_2，$E_g = 3.2\,eV$）[2]，氧化锌（ZnO，$E_g = 3.2\,eV$）[3]，硫化锌（ZnS，$E_g = 3.2\,eV$）[4]，三氧化钨（WO_3，$E_g = 2.8\,eV$）[5]，钛酸锶（$SrTiO_3$，$E_g = 3.2\,eV$）等[6-7]。在这些材料中，由于二氧化钛具有良好的热稳定性、化学稳定性，而且具有耐腐蚀、成本低、原料来源丰富、无毒等特点而受到了各国科研工作者的广泛关注，并且被认为是在能源、环境领域能被广泛应用且最有前途的半导体材料之一[8]。

1.1.1 光催化反应机理

二氧化钛可以作为光催化剂与其自身的半导体结构有关。半导体的能带结构由充满电子的最高价带（valence band，VB）和未充满电子的能带最低导带（conduction band，CB）构成，导带和价带的中间为禁带，价带与导带之间的能量差定义为禁带宽度 E_g。当光子的能量 $h\nu$ 大于或等于半导体的禁带宽度（E_g）时，半导体可以吸收光子的能量，将价带上的电子激发到导带，同时在价带相应的位置上形成空穴。产生的电子和空穴会尽力向半导体表面移动，达到表面后，电子会与半导体表面的电子受体发生还原反应，空穴则与半导体表面的电子供体发生氧化反应。

简单来说，光催化反应可以分为三步进行：（1）光激发半导体产生电子和空穴；（2）电子和空穴向材料表面的迁移；（3）氧化还原反应的发生。图 1-1 为二氧化钛作为光催化剂进行氧化还原反应的机理示意图。

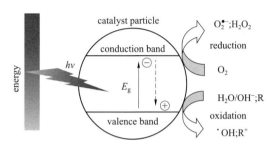

图 1-1   二氧化钛作为光催化剂进行氧化还原反应的机理示意图[9]

1.1.2   二氧化钛的能带位置

在基于二氧化钛作为光催化剂发生的氧化还原反应过程中，要求电子受体的还原电势比二氧化钛的导带电势要低（数值上更正），而电子给体的还原电势比二氧化钛的价带电势要高（数值上更负）。所以说，二氧化钛的能带位置决定了其光催化反应的能力。从吸收光谱来讲，二氧化钛的光吸收阈值 λ_g 与带隙 E_g 有关，其关系式为 1 240/E_g（eV）= λ_g（nm），由于二氧化钛的禁带宽度较宽（E_g 平均为 3.2 eV 左右），这决定了二氧化钛只能够利用波长为 390 nm 以下的光进行光催化反应。而太阳光中紫外光的能量仅为全部太阳光能量的 4%，所以对于二氧化钛的光催化剂来说，最大的缺点在于对太阳光的利用率太低[10-11]。

自然界中二氧化钛主要有三种晶相，分别是锐钛矿相（anatase）、金红石相（rutile）和板钛矿相（brookite），其中板钛矿相由于不稳定，所以在自然界中存在量较少，而锐钛矿相和金红石相的二氧化钛由于大量存在而作为光催化剂被广泛应用[12-16]。锐钛矿相二氧化钛的能带宽度 E_g 为 3.2 eV，金红石相的二氧化钛的

能带宽度 E_g 为 3.0 eV。许多文献报道认为，锐钛矿相的二氧化钛光催化活性比金红石相的二氧化钛要高。这是由于 O_2/O_2^- 的标准氧化还原电位为 -0.33 V（vs. NHE，相对于标准氢电极），而金红石相的二氧化钛导带电位为 -0.3 V（vs. NHE），高于 O_2/O_2^- 的标准氧化还原电位，因此导带电子不容易与材料表面的羟基自由基复合进行氧化还原反应。锐钛矿相的二氧化钛导带电位为 -0.5 V（vs. NHE），低于 O_2/O_2^- 的标准氧化还原电位，材料表面的氧气比较容易得到来自二氧化钛的导带电子，因此具有比较高的光催化活性[17-18]。

1.1.3 二氧化钛的晶体结构

用作光催化剂的二氧化钛晶型主要有锐钛矿相和金红石相两种。其中锐钛矿相在 800 ℃下可以转换为金红石相，且这种转变是不可逆的。而金红石相的热稳定性较好，其晶相结构不会随温度变化而变化。两种二氧化钛的晶相结构如图 1-2 所示，性质见表 1-1[8]。

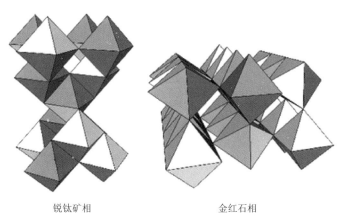

锐钛矿相   金红石相

图 1-2 相互连接的 TiO₆ 八面体构成的锐钛矿相和金红石相结构的三维图[8]

其中锐钛矿相的密度（3 894 kg·m⁻³）小于金红石相（4 250 kg·m⁻³）的密度，造成金红石相二氧化钛的比表面积较小，对氧分子吸附能力较差，光激发产生的电子和空穴更容易复合，所以催化活性一般比锐钛矿相二氧化钛的差。

表 1-1　锐钛矿相和金红石相的性质[8]

性质　　　　　　　　　　种类	锐钛矿相	金红石相
晶体结构	四方	四方
每个晶胞原子	4	2
晶格常数/nm	$a = 0.378\ 5$	$a = 0.459\ 4$
	$c = 0.951\ 4$	$c = 0.295\ 89$
晶胞体积/nm³	0.136 3	0.062 4
密度/（kg·m^{-3}）	3 894	4 250
计算出的禁带宽度/eV	3.23～3.59	3.02～3.24
实验测得的禁带宽度/eV	≤3.2	≤3.0
折射率	2.54，2.49	2.79，2.903
HF 中的溶解性	溶解	不溶解
H₂O 中的溶解性	不溶解	不溶解
硬度	5.5～6	6～6.5
体积模量/GPa	183	206

　　锐钛矿相二氧化钛主要晶面的表面能分别为[19]：{001}晶面为 0.90 J·m^{-2}，{100}晶面为 0.53 J·m^{-2}，{101}晶面为 0.44 J·m^{-2}。对于自然界中的锐钛矿相二氧化钛来说，热力学稳定而光催化活性不足的{101}晶面暴露比例为 94%[20]。为了提高表面能晶面所占比例，较为有效的手段是在制备二氧化钛的过程中进行特定晶面的选择性生长，并尽可能暴露高表面能的晶面。图 1-3 为不同晶面比例的 TiO₂ 晶体生长过程中形貌的演化图，图中大部分结构已经被制备和研究。

　　例如，Max Lu 小组通过在水热反应体系中加入异丙醇和氢氟酸，使得弱电离出的 $(CH_3)_2CHO^-$ 基团与 Ti^{4+} 配位，这种选择性的配位能够使单晶二氧化钛沿{001}晶面生长停滞，形成扁平状片结构，且二氧化钛{001}晶面的比例能够提高至 47%[21]，如图 1-4 所示。该材料被证明具有较高的光催化性能。

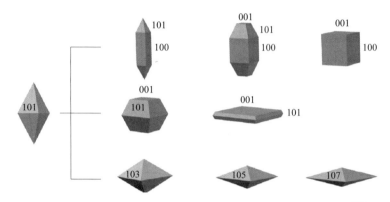

图 1-3　不同晶面比例的 TiO₂ 晶体生长过程中的形貌演化图[20]

图 1-4　TiO₂ 片状结构的 SEM（扫描电子显微镜）图像[21]

1.1.4　二氧化钛纳米材料的合成方法

在光催化反应过程中，由于光催化反应主要发生在反应物同二氧化钛的接触面，所以材料的比表面积、表面形貌和晶面结构对光催化反应的效率有非常重要的影响。

纳米尺度的二氧化钛对光催化效率的影响主要体现在三个方面。第一，粒径减小所引起的量子尺寸效应和小尺寸效应。随着粒径的减小，二氧化钛的导带和价带之间的禁带宽度变宽，吸收波长蓝移，需要的激发光波长变短，相应产生的电子和空穴发生氧化还原反应的能力变强。第二，随着二氧化钛粒径的减小，光生电子和空穴从二氧化钛内部向表面扩散的时间变短，有效减小了电子和空穴重新复合的概率，提高了光催化效率。第三，当二氧化钛的粒径减小时，比表面积会成倍增大。一方面，较大的比表面积会为光催化反应提供更多的反应位点，提高反应效率；另一方面，较大的比表面积也会增强光吸收，对提高光催化反应效率起到积极的作用[22]。

随着纳米合成技术的发展，通过不同的制备方法已经可以获得不同形貌和结构的二氧化钛纳米颗粒用以提高光催化效率，如制备不同粒径的纳米球、纳米棒、纳米线、纳米管，以及多孔纳米结构等。在此基础上，通过增大特定晶面的面积和构建有序的空间结构，对于增加材料的比表面积、提高光吸收效率、分离电子和空穴都有积极的作用，进而可以提高二氧化钛光催化的性能[23-26]。

下面将着重以溶胶-凝胶法、非水溶胶-凝胶法、水热法、溶剂热合成法、模板法为代表，介绍二氧化钛纳米材料的合成方法。

1. 溶胶-凝胶法

溶胶-凝胶法最初是用来制备陶瓷等无机材料的方法。典型的溶胶-凝胶法是将无机金属盐或金属有机化合物水解，形成胶状悬浮液或溶胶，反应一段时间形成一定形貌后，经过干燥或热处理，便可以形成特定纳米结构的材料。由于溶胶-凝胶法制备的纳米材料具有较好的均匀性，而且反应条件较为温和，所以该方法在无机材料的制备方面受到广泛推崇。图 1-5 为通过溶胶-凝胶法在四甲基氢氧化铵的存在下，$Ti(OR)_4$ 水解产生的不同形貌的 TiO_2 纳米颗粒的 TEM（透射电子显微镜）图像[27]。

通过溶胶-凝胶法和模板法的结合，可以制备出 TiO_2 纳米棒、纳米棒阵列等特殊结构。图 1-6 为应用氧化铝模板（AAO），通过溶胶-凝胶法制备得到的均匀的 TiO_2 纳米棒阵列的 SEM 图像[28]。

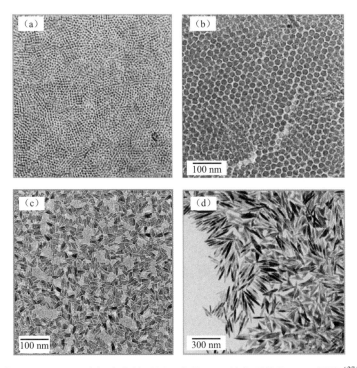

图 1-5 Ti(OR)₄ 水解产生的不同形貌的 TiO₂ 纳米颗粒的 TEM 图像[27]

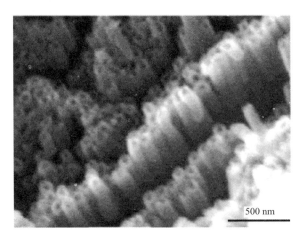

图 1-6 应用氧化铝模板制备的 TiO₂ 纳米棒阵列的 SEM 图像[28]

2. 非水溶胶－凝胶法

非水溶胶－凝胶法是指金属前驱体，如金属的卤化物在非水条件下反应，生成无机氧化物的过程。因为该反应的反应速度比较缓慢，所以更容易控制反应过程。而通过表面活性剂的辅助，可以合成出不同纳米结构的 TiO_2[29]。例如，Trentler 等人通过控制在十七烷中钛酸异丙酯和四氯化钛的反应速度，在表面活性剂的作用下，可以制备出不同形貌的锐钛矿相的 TiO_2 纳米颗粒[30]。

3. 水热法

水热法是指在密封的压力反应容器中，在高温高压的条件下进行的化学反应，通过控制高压反应釜内溶液的温度，使得反应溶剂在高压下形成类似于超临界流体的状态，从而析出生长晶体的方法。由于水热法对设备要求不高，原料的来源也较为简单，且只需要控制原料的配比，通过加热便可以形成不同的纳米结构，所以受到了广泛的关注。目前，利用水热合成法合成二氧化钛的纳米结构主要有纳米颗粒、纳米棒、纳米线、纳米管、多孔结构等[31]。图 1－7 为通过水热法制备的 TiO_2 纳米棒的 TEM 图像，纳米棒的长度可以通过控制不同类型的表面活性剂和溶剂来实现[32]。

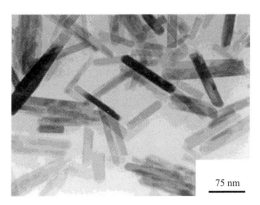

75 nm

图 1－7　通过水热法制备的 TiO_2 纳米棒的 TEM 图像[32]

4. 溶剂热合成法

溶剂热合成法多采用高沸点的非水相溶剂，且一般为高温反应，目的在于利用金属前驱体在高温下的分解或缓慢水解制备金属氧化物。制备得到的纳米颗粒一般形貌均匀，粒径分布较窄，且分散性很好。借助表面活性剂，纳米结构可以在反应过程中得到精确的控制[33]。例如，Kim 等人发现，通过混合 TTIP（钛酸四异丙酯）和甲苯并加入油酸溶液中，当前驱体:溶剂:表面活性剂 = 1:5:3 时，在 250 ℃的反应釜中反应 20 h，可以得到均匀的纳米棒状结构。同时，改变实验条件也可以制备出不同形貌的二氧化钛，如纳米颗粒、纳米棒、纳米线等[34]。

5. 模板法

模板法是目前合成纳米棒、纳米管、多孔纳米材料的通用方法。模板法一般分为硬模板法和软模板法两类。硬模板法，是指所用模板剂或模板结构相对较"硬"，即材料为刚性的物质，如碳材料、氧化铝或无机粒子等固体材料。其中硬模板剂主要为空间填充物，去掉模板后可以产生孔道结构。硬模板法一般不需要材料前驱体，具有自组装性质。

相对于硬膜板法，软模板法是指材料前驱体和模板剂自组装形成特定的结构，复合材料经过脱出模板剂的过程后，便在原有位置留下有规则的孔道结构。软模板包括结构可变性较大的柔性有机分子、微乳液、表面活性剂胶束等。相对于硬模板法，软模板法具有以下优点：软模板大多是由双亲分子形成的有序聚集体，容易构建和制备，且方法简单、操作方便、成本低廉。图 1-8 为用软模板法通过蒸发诱导自组装法制备的介孔 TiO_2 薄膜的示意图[35]。

在 1998 年，Yang 等人报道了一种应用软模板法制备多孔金属氧化物材料的方法。其中金属氯化物为前驱体，两亲嵌段共聚物作为模板，可以制备包括 ZrO_2、TiO_2、Nb_2O_5、Ta_2O_5、WO_3、SnO_2 和 Al_2O_3 等多种介孔材料[36]。例如，TiO_2 介孔材料的制备方法是把 $TiCl_4$ 作为前驱体，P123（$EO_{20}PO_{70}EO_{20}$）作为模板，可以获

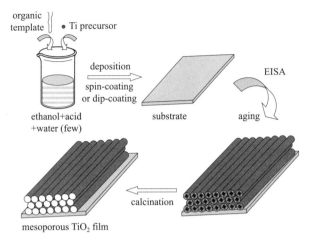

图 1-8　用软模板法通过蒸发诱导自组装法制备的介孔 TiO$_2$ 薄膜的示意图[35]

得六方和立方 TiO$_2$ 介孔材料，制备得到的两种 TiO$_2$ 的比表面积可以分别达到 205 m^2·g^{-1} 和 200 m^2·g^{-1}，孔径分别为 6.5 nm 和 6.8 nm，其形貌如图 1-9 所示。

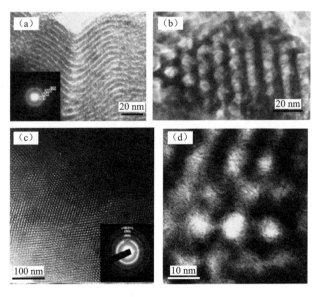

图 1-9　用 P123 作为模板制备 2D 结构六角介孔 TiO$_2$ 的 TEM 图像[36]

1.1.5 提高光催化效率的方法

因为在太阳光光谱中，紫外光能量所占比例不到 5%，而波长在 400～750 nm 可见光能量所占比例为 43%，所以有效利用可见光波长的能量是提高光催化效率的一个重要方向。目前，拓展 TiO_2 的光谱响应范围，增强对可见光响应的研究主要集中在四个方面：二氧化钛–贵金属复合结构、二氧化钛–半导体复合结构、过渡金属掺杂及非金属掺杂[23,39]。

1. 二氧化钛–贵金属复合结构

为了提高二氧化钛的催化活性和效率，一种较为有效的措施是将贵金属纳米颗粒与二氧化钛纳米颗粒相结合。由于贵金属和二氧化钛组成的纳米复合结构可以重新构建纳米能级，且贵金属纳米颗粒可以形成电子阱，使得被激发的电子从二氧化钛的导带转移到金属纳米颗粒上，继而电子从金属纳米颗粒转移到电子受体上，进行反应。这个过程抑制了电子–空穴对的复合，促进了二者的分离。目前，针对二氧化钛–贵金属纳米复合材料的合成，文献已经报道了很多种合成方法，如共沉淀法、化学试剂还原法、光化学还原法等[40-45]。

随着研究的深入，关于贵金属等离激元效应增强光催化反应的报道也逐步增多，机理也日渐清晰。图 1–10（a）为当紫外光激发 $Au-TiO_2$ 复合材料时，电子从价带激发至导带，随后电子转移至电子阱 Au 纳米颗粒上，在 Au 的表面发生还原反应，产生 H_2，在 TiO_2 的表面发生氧化反应，使牺牲剂 EDTA 变成 $EDTA^+$；当用波长为 532 nm 的光激发 $Au-TiO_2$ 复合材料制备 H_2 时（如图 1–10（b）所示），由于激发光能量不足以激发 TiO_2 使电子从价带跃迁至导带，但是可以激发 Au 纳米颗粒的等离激元特征峰，产生的热电子可以直接注入 TiO_2 的价带，于是在 TiO_2 的表面发生还原反应，产生 H_2，在 Au 纳米颗粒的表面发生氧化反应，体系中的牺牲剂 EDTA 变成 $EDTA^+$；图 1–10（c）为光激发 Au 的等离激元特征峰

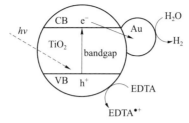

（a）在紫外光激发、EDTA作为牺牲剂条件下，
Au–TiO$_2$光催化剂产生H$_2$的机理图

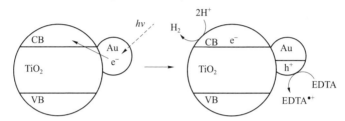

（b）光激发Au的等离激元特征峰，电子的转移过程与H$_2$生成的机理图

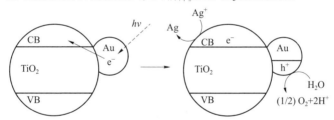

（c）光激发Au的等离激元特征峰及O$_2$生成的机理图

图1-10 Au–TiO$_2$异质结光催化剂[46-47]

及 O$_2$ 生成的机理图，用 532 nm 的可见光激发 Au 纳米颗粒的等离激元特征峰，产生的电子可以直接注入 TiO$_2$ 的价带，在 TiO$_2$ 的表面发生还原反应，还原牺牲剂 Ag$^+$ 形成 Ag，而在 Au 的表面发生氧化反应，分解水并生成氧气[47]。

2. 二氧化钛–半导体复合结构

对于设计二氧化钛–半导体复合纳米材料以提高光催化效率，要点在于对两种半导体能带结构进行优化。简单来说，形成的 TiO$_2$–半导体异质结纳米材料的能带结构主要分为三类：跨越带隙结构（straddling gap）、交错带隙结构（staggered gap)、分裂带隙结构（broken gap）[48]，如图 1–11 所示。

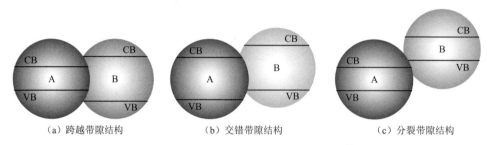

（a）跨越带隙结构　　　　（b）交错带隙结构　　　　（c）分裂带隙结构

图 1–11　三种类型的半导体异质结结构[48]

在跨越带隙结构中，当半导体 B 被激发后，产生的电子由于能级差的存在从 B 的导带移动至 A 的导带，而在半导体 B 上留下的空穴也转移至 A，氧化反应和还原反应均在 A 上发生，这种电子和空穴转移方式没有对电子–空穴对的分离产生促进作用。在交错带隙结构中，半导体 B 被激发之后，产生的电子可以从 B 的导带转移到 A 的导带，空穴则依然留在 B 的价带，而对于同时被激发的半导体 A，电子从价带跃迁到导带，空穴则从 A 的价带转移到 B 的价带。这样的接触对于电子和空穴的分离都是有好处的，且氧化反应和还原反应不在同一种材料上进行，采用这种结构的半导体–半导体接触对提升光催化效率有促进作用。对于分裂带隙结构来说，其电子和空穴的转移效果与交错带隙结构是相同的，但是对于具有宽禁带结构的光催化剂来说，能够实现这种能级差的半导体材料不多。对于增强 TiO$_2$ 光催化性能的半导体–半导体异质结结构来说，大多采用第二种类型的半导体–半导体接触方式，如可以制备 TiO$_2$–CdSe[49]、TiO$_2$–CdTe[50–51] 和 TiO$_2$–ZnSe[52] 结构等。图 1–12 中列出了部分 n 型和 p 型半导体的带隙和能带位置。

3. 过渡金属掺杂

从物质结构的角度看，过渡金属离子掺杂的机理是在 TiO$_2$ 晶格中引入了缺陷或改变二氧化钛的结晶度，进而影响光生电子与光生空穴的复合。若掺杂离子成为电子或空穴的陷阱，那么将抑制电子与空穴复合；相反，如果掺杂离子成为电

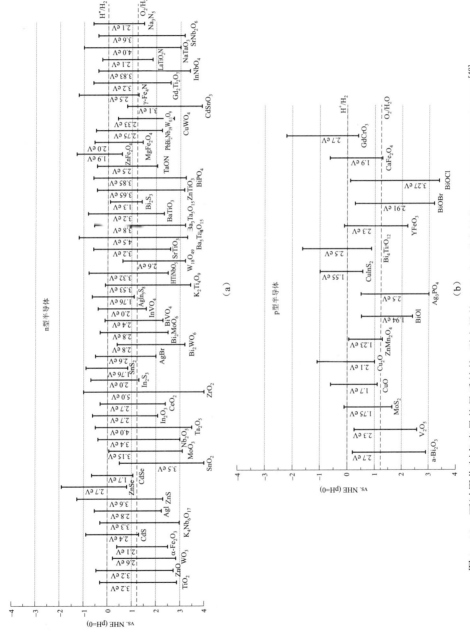

图 1-12 可以用作制备半导体异质体结的n型半导体（a）和p型半导体（b）的带隙和能带位置[48]

子与空穴的复合中心,那么将促进电子和空穴的复合。研究表明,在 TiO_2 纳米材料中掺杂入过渡金属离子或稀土离子,不仅可以提高光催化反应的效率,而且掺杂的过渡金属离子会使 TiO_2 的吸收波长从紫外光拓展至可见光区域。如 Fe^{3+} 掺杂能够导致 TiO_2 中的 Ti^{3+} 离子浓度的增高,使得材料在可见光区域有吸收,而且 Fe^{3+} 能够起到捕获电子的效果[53-55]。

4. 非金属掺杂

以非金属元素掺杂(如 N、F、C、S 等)改性 TiO_2 以提高其对太阳光的利用是一种有效的途径。从 2001 年起,Asahi 等人通过理论计算,证明了用非金属元素掺杂改性 TiO_2 的可行性,从此开始了用非金属元素离子掺杂来改性 TiO_2 的研究。其基本原理:利用非金属元素原子取代 TiO_2 中的氧原子的位置,进而改变 TiO_2 的能级结构,使带隙变窄,对可见光有吸收。同时,由非金属掺杂带来的掺杂能级还可以俘获 TiO_2 光生电荷或空穴,降低二者重新复合的概率,达到促进光生电子和空穴分离的目的,提高光催化效率[56-60]。

1.1.6 二氧化钛在有机薄膜太阳能电池中的应用

目前,关于二氧化钛的应用主要集中在以下几个方面,即污水降解、空气净化、光解水制氢、染料敏化太阳能电池的制备、光电器件的制备等,下面详细介绍二氧化钛在反型有机薄膜太阳能电池中作电极修饰层的作用[24, 43, 45, 61-63]。

有机太阳能电池由于具有柔软轻质、低制备成本、可大量制备等优点,使其在光伏应用方面极具前途[64-65]。而在传统的正型结构器件中,由于能级结构的原因,经常会用到低功函数的金属作为阴极。但是由于低功函数的金属化学稳定性差,使得这种器件结构并不适用于大量电池的制备。另外,透明的氧化铟锡纳米电极(ITO)容易被酸性的电子给体材料所腐蚀,如 PEDOT:PSS(聚 3,4 - 亚乙二氧基噻吩 - 聚苯乙烯磺酸),从而造成器件的长期稳定性不高,极易老化[66-67]。

为解决这些问题，依据现有的电池制备工艺，反型器件结构的有机太阳能电池得以研发。由于改变了电荷收集的方向，可以使用 Ag、Au 等这一类高功函数且化学性质稳定的金属作为电池的阳极；同时可以使用金属氧化物替代 PEDOT：PSS 作为阴极的修饰层，从而避免了对电极的腐蚀[68]。在众多的阴极修饰材料中，二氧化钛由于具有较好的化学稳定性、热稳定性、有效的空穴阻挡等性质，被认为是极具应用前景的材料之一。而对于二氧化钛晶型选择，高结晶的锐钛矿相二氧化钛受到广泛关注，主要原因在于其缺陷少、电荷传输性能好，进而能够减少电荷在传输过程中由于缺陷诱导的电子或空穴的俘获[62, 69-73]。

Chen 研究小组研究了不同形貌的二氧化钛在 P3HT/TiO$_2$ 异质结结构太阳能电池中的应用（如图 1-13 和图 1-14 所示）。研究发现，锐钛矿相的二氧化钛纳

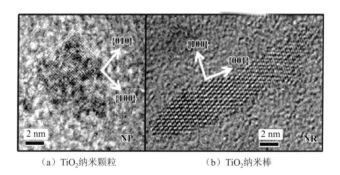

（a）TiO$_2$纳米颗粒　　　　　　（b）TiO$_2$纳米棒

图 1-13　TiO$_2$ 的高分辨 TEM 图像

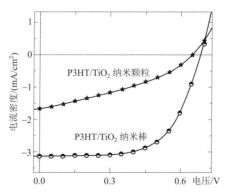

图 1-14　P3HT/TiO$_2$ 异质结结构太阳能电池的电流电压曲线[74]

米棒与二氧化钛纳米颗粒相比具有更好的电子收集和传输的特性。在模拟的 3D 器件结构图中，二氧化钛纳米棒比纳米颗粒能更多地与 P3HT 有效接触。从实际制备的器件结果可以看出，由二氧化钛纳米颗粒制备的器件，短路电流密度为 1.65 mA/cm²，开路电压为 0.60 V，填充因子为 42%，器件的效率仅为 0.42%。而采用二氧化钛纳米棒制备的器件，各项器件参数均有较大的提升，其中短路电流密度为 3.10 mA·cm⁻²，开路电压为 0.69 V，填充因子为 62%，器件的效率提高至 1.33%[74]。

Lam 小组同 Zhang 小组共同研究了用锐钛矿相的二氧化钛作电极修饰层来改善电子的传输。采用高结晶的锐钛矿相的二氧化钛作电荷传输层，可以明显提高器件的短路电流，同时从器件的外量子效率谱中可以看出，峰强在 400～600 nm 的范围内均有明显提升（如图 1-15 所示）。从器件指标分析，没有二氧化钛的器件短路电流密度为 8.62 mA·cm⁻²，开路电压为 0.59 V，填充因子为 60%，器件的效率为 3.09%，而采用 TiO₂ 作电子传输层，各项器件指标均有明显提高，短路电流密度为 8.62 mA·cm⁻²，开路电压为 0.61 V，填充因子为 64%，器件的效率提高至 3.94%，器件效率提高 27.5%。同时实验证明，二氧化钛作电极修饰层的器件，稳定性也有一定程度的提高[75]。

1.2 基于三氧化二钇的纳米材料

1.2.1 上转换发光材料的发光机制

材料发光大致可以分为两类：一类为受热辐射发光；另一类为受激发吸收能量并跃迁至激发态，之后返回基态的过程中发光。稀土元素发光多属于第二类发光[76-77]。

稀土元素是指ⅢB族中，原子序数为 21 的元素钪（Sc），原子序数为 39 的元素钇（Y）及同属于ⅢB 族的原子序数从 57～71 的 15 种镧系元素（分别为镧

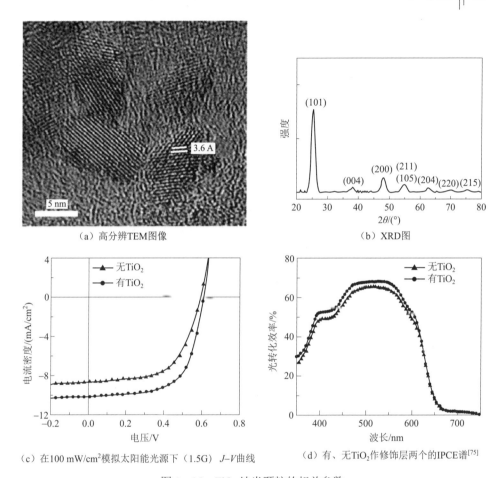

（a）高分辨TEM图像

（b）XRD图

（c）在100 mW/cm²模拟太阳能光源下（1.5G）*J*–*V*曲线

（d）有、无TiO₂作修饰层两个的IPCE谱[75]

图1-15 TiO₂纳米颗粒的相关参数

（La）、铈（Ce）、镨（Pr）、钕（Nd）、钷（Pm）、钐（Sm）、铕（Eu）、钆（Gd）、铽（Tb）、镝（Dy）、钬（Ho）、铒（Er）、铥（Tm）、镱（Yb）、镥（Lu）），一共17种元素。其中，钇（Y）元素原子的电子组态为：

$$1s^2 2s^2 2p^6 3s^2 3p^6 3d^{10} 4s^2 4p^6 4d^1 5s^2$$

镧系元素原子的电子组态为：

$$1s^2 2s^2 2p^6 3s^2 3p^6 3d^{10} 4s^2 4p^6 4d^{10} 5s^2 5p^6 4f^n\ (4f^{n-1}5d)\ 6s^2$$

其中，镧（La）、铈（Ce）、钆（Gd）、镥（Lu）为$4f^{n-1}5d\,6s^2$，其余的为$4f^n\,6s^2$。

它们共同的特点是 4f 轨道均未填满，且 4f 轨道位于已经填满的 5s 和 5p 轨道内。由于填满电子的 5s 和 5p 轨道具有屏蔽作用，使得 4f 轨道受配位场或晶体场的影响较小，基本能够保留元素自由离子的特征。

稀土元素发光具有如下优点。

（1）由于受到 5s 和 5p 轨道的屏蔽作用，稀土元素的 4f 轨道很少受到外部环境的干扰；而且由于 4f 轨道间的能级差较小，f-f 跃迁呈现尖锐的线状光谱，色纯度很高。

（2）4f 轨道间的自发跃迁概率较小，使得稀土元素的电子能级激发态寿命较长。

（3）除钪和钇没有 4f 亚层，镧和镥的 4f 亚层全空或全满之外，其余的稀土元素的 4f 电子可以在 7 个 4f 轨道间任意分布，从而产生丰富的能级结构，可以吸收和发射多种波长的光，如紫外光、可见光、近红外光等。这使得稀土元素发光呈现种类丰富的荧光特性。图 1-16 为一张稀土元素离子的部分能级图[78]。

（4）稀土元素吸收激发能量的能力强，尤其是几种稀土元素共同作用，可以保证有较高的转换效率。

（5）一些稀土元素化合物的化学性质稳定，可以承受大功率、高强度的辐射。

稀土元素的发光可以分为两类：上转换发光和下转换发光。下转换发光是指稀土离子吸收一个能量较高的光子后，辐射出一个或者多个低能量光子的发光过程。如果只辐射一个光子就是通常意义上的发光，在发光过程中伴随着声子的参与，实现了能量守恒，通常这种下转换发光符合斯托克斯定律（Stokes law）；如果在发光过程中辐射出两个或两个以上的光子，称为发光的量子剪裁。上转换发光，通常是指稀土离子在吸收两个或两个以上低能量光子后，辐射出一个高能量光子的过程，通常表现为发射光的波长小于激发光的波长，这种发光为反斯托克斯过程（anti-Stokes law）[79]。

稀土元素离子上转换发光过程中的发光机制如图 1-17 所示。目前，可以将上

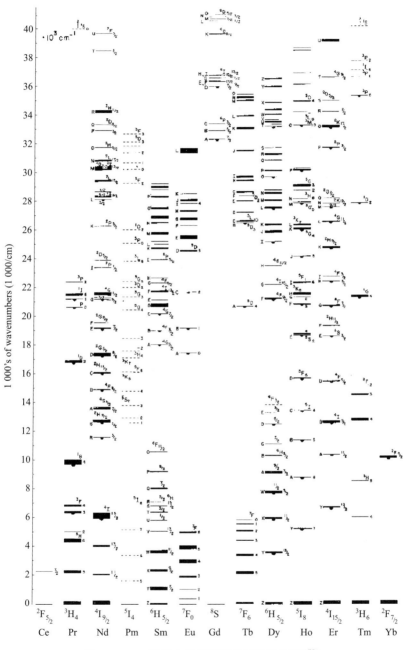

图1-16 一张稀土元素离子的部分能级图[78]

转换发光机制分为四种，分别为：激发态吸收（excited state absorption）[80]、能量传递上转换（energy transfer upconversion）[80]、光子雪崩上转换（photo avalanche）[81]、直接双光子吸收（two photon absorption excitation）[82]。

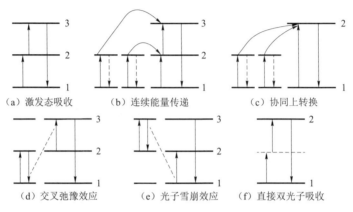

图 1-17　稀土元素离子上转换发光过程中的发光机制

1. 激发态吸收

激发态吸收（excited state absorption，ESA），是指同一个稀土元素离子从基态能级连续吸收两个或多个光子达到高能量的激发态能级的过程，它是上转换发光的最基本过程。如图 1-17 所示，在泵浦光的激发下，稀土元素离子先吸收一个能量为 hv_1 的光子，从基态 1 跃迁至激发态 2，这个过程也称为基态吸收（ground state absorption，GSA），紧接着吸收一个能量为 hv_2 的光子，从激发态 2 跃迁至激发态 3）；发光过程为从激发态 3 向下发射出一个短波长、高能量的光子。一般情况下，如果 $hv_1 = hv_2$，则只需要一种激发光便可以完成激发过程[83]。

2. 能量传递上转换

能量传递在上转换发光过程中是一个非常重要的物理现象，主要是指通过两种或两种以上能级匹配的稀土元素离子间的能量交换的物理过程。图 1-17（b）～图 1-17（d）为稀土元素离子间的几种能量传递方式。其中，敏化剂

（sensitizer，S）是指能够直接吸收辐射能的离子，激活剂（activator，A）是指能够接受敏化剂传递来的能量，进而能够释放出光子的离子，激活剂又称发光中心。

能量传递上转换机制（energy transfer upconversion，ETU）一般包括三类：连续能量传递、协同上转换和交叉弛豫过程。

连续能量传递（successive energy transfer，SET）是发生在不同稀土元素离子之间的能量传递过程。其过程可以解释为：处于激发态的敏化剂（S）与处于基态的激活剂（A）能量匹配，发生相互作用，S 将能量传递给 A 后，A 跃迁至激发态，S 则回到基态。紧接着，位于激发态的 A 能够再一次接受处于激发态 S 的能量而跃迁至更高的激发态（如图 1-17（b）所示）。这种能量传递的过程称为连续的能量传递过程[84]。

协同上转换（cooperative upconversion，CU）是指处于激发态的两个 S，将能量同时传递给处于基态能级的 A 离子，并使其跃迁到激发态，而两个 S 则返回基态的过程，如图 1-17（c）所示[85]。

交叉弛豫（cross relaxation，CR）是指两个处于激发态的离子，其中一个离子将能量传递给另外一个离子并使其跃迁至更高能级，而自身则返回低能级的过程，如图 1-17（d）所示。值得注意的是，CR 过程可以发生在两个相同或者不同类型的离子之间[86]。

3. 光子雪崩上转换

1979 年 Chivian 等在研究 Pr^{3+} 在 $LaCl_3$ 晶体中的上转换发光过程时发现了光子雪崩（photon avalanche）现象。其主要现象和机理解释如图 1-17（e）所示，当位于能级 2 的稀土元素离子被激发至能级 3 后，能级 3 上的离子与位于基态 1 的离子发生交叉弛豫过程，使得在能级 2 上的离子积累，重复以上过程，则能级 2 上的离子数像雪崩一样增加，所以该过程被称为光子雪崩。光子雪崩过程是激发态吸收和交叉弛豫相结合的过程，其主要特征有以下两点：（1）泵浦光的波长应与离子的激发态 2 与 3 之间的能量差相对应，这样有助于激发离子从能级 2 跃迁至能级 3；（2）光子雪崩过程引起的上转换发光对泵浦光的功率具有很强的依赖性，当泵浦光功率较高时，上转换发光的强度明显增大；（3）光子雪崩过程要求发光体系中存在较高的掺杂离子浓度，当处于激发态的离子数浓度较高时，才会发生明显的光子雪崩过程[87]。

4. 直接双光子吸收

如图 1-17（f）所示，当激发光功率相当高时，处于基态的离子可以吸收两个能量相同或者不同的光子，借助一个虚拟的中间态直接跃迁至激发态，然后辐射跃迁发光。直接双光子吸收（two photon absorption，TPA）的能量等于两个光子的能量之和，所以要求较高的激发光功率。此机制在上转换发光中也并不多见[88-89]。

1.2.2 上转换发光材料的选择

上转换发光材料主要由三部分构成：基质材料（host material）、敏化离子（sensitizer，S）、激活离子（activator，A）。下面将从三个方面对上转换发光材料的选择进行阐述[90-92]。

1. 基质材料的选择

在上转换发光材料中，基质材料一般不构成发光能级。但是，使用基质材料的目的是为激活剂提供合适的晶体场，使得激活剂具有较高的发光效率[91]。一般来说，对于基质材料的要求主要有以下两方面：（1）掺杂离子和基质材料的离子半径大小接近；（2）基质材料具有较低的声子能量。理想的基质材料要尽可能地降低激活离子在发光过程中的无辐射跃迁带来的能量损失，同时使辐射跃迁的概率最大化。一般认为，氯化物、氟化物的声子能量较低，如 $LaCl_3$ 的声子能量为 $240 \, cm^{-1}$，LaF_3 的声子能量为 $300 \, cm^{-1}$，但是这些材料的稳定性较差，很容易分解；而氧化物的化学稳定性和热稳定性都较理想，但是，声子能量较高，如 Y_2O_3 的声子能量约为 600 cm^{-1}[92-93]。

因此，对于上转换发光基质材料的选择主要在集中在以下两个方面：（1）对于氟化物基质材料，在保证材料的低声子能量特性的基础上，尽可能提高材料的稳定性，如对于 $NaYF_4$ 等基质的研究；（2）对于氧化物基质材料（如 Y_2O_3），在保证材料的稳定性基础上，采用包覆、高温退火等手段，减少材料缺陷，提高发光效率。

2. 敏化离子的选择

在上转换发光材料中，影响发光效率的因素主要有以下两个方面：（1）相邻激活离子之间的距离；（2）激活离子的吸收截面。通常情况下，对于相邻激活离子之间距离的控制可以通过激活离子的掺杂量来实现，例如，掺杂离子浓度较低时，激活离子之间没有能量传递过程，而通常是单个离子被激发而辐射发光，发光效率较低；但是当激活离子掺杂浓度较高时，相邻激活离子之间很容易发生交叉弛豫而导致无辐射跃迁的概率增加，体现为掺杂离子的浓度猝灭效应。

通过激活离子的吸收面积来提高上转换发光效率时，可以通过掺入敏化剂的手段来实现。通常，敏化剂在近红外光区具有较大的吸收截面，当在发光体系中掺入敏化剂、激活剂时，便可以实现敏化剂吸收光子跃迁至激发态后将能量传递给低能级的激活剂的过程，从而增强上转换发光效率。在目前已知的敏化剂离子的选择中，Yb^{3+} 是最为常用的（如图 1-18 所示）。一方面，Yb^{3+} 只具有一个激发态能级，即被激发后，从 $^2F_{7/2}$ 跃迁至 $^2F_{5/2}$，且 Yb^{3+} 半径在对应波长 980 nm 处具有较大的吸收截面（10^4 cm^{-1}）；另一方面，Yb^{3+} 的能级跃迁与常用的激活离子，如 Er^{3+}、Tm^{3+} 和 Ho^{3+} 的 f-f 跃迁的能量匹配性较好，处于激发态的 Yb^{3+} 能够有效地将能量传递给敏化离子，完成能量传递，并回到基态[91]。

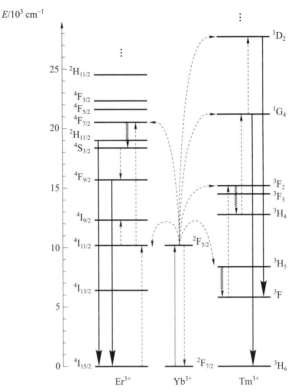

图 1-18 敏化剂 Yb³⁺对于激活剂 Er³⁺、Tm³⁺的敏化作用能级图

注：图中箭头代表辐射跃迁，无辐射能量传递，多声子弛豫过程[92]

3. 激活离子的选择

由于大多数镧系稀土元素离子的稳定价态都为正三价，且能够完成跃迁的 4f 能级结构处于 $5s^2$ 和 $5p^6$ 的内层中，避免了 4f 能带中内层电子的跃迁受外部环境的干扰，所以在发光光谱中展现出尖锐而且狭窄的 f-f 跃迁。另外，f-f 的跃迁为 Laporte 禁戒，所以激发态寿命一般较长（可以长达 0.1 s）。而在镧系稀土元素离子中，除 La³⁺、Ce³⁺、Yb³⁺和 Lu³⁺之外，剩下的离子大多有两个以上的 4f 能级。因此大多数镧系稀土元素离子都可以有受激发光。然而，对于上转换发光来说，则需要激活离子的激发态和基态之间的能级与波长与激发光的波长相匹配，这样

有利于材料能够有效地进行光吸收和能量的传递。Er^{3+}、Tm^{3+}和 Ho^{3+}具有接近于等距的能带结构，如 Er^{3+}在 $^4I_{15/2}$ 到 $^4I_{11/2}$ 之间的能量（近似为 10 350 cm^{-1}）与 $^4I_{11/2}$ 到 $^4F_{7/2}$ 之间的能量（近似为 10 370 cm^{-1}）相接近。所以，$^4I_{15/2}$、$^4I_{11/2}$ 与 $^4F_{7/2}$ 能级之间的跃迁可以用 970 nm 的激发光完成能量上的转换。相对于直接被激发至高能级 $^4F_{7/2}$，处在 $^4I_{11/2}$ 能级的 Er^{3+}可以弛豫至 $^4I_{13/2}$ 能级，之后通过声子辅助的能量传递过程，可以被激发至 $^4F_{9/2}$ 能级。

无辐射多光子弛豫是影响上转换发光效率的另外一个重要的因素。镧系稀土元素离子 4f 能级的多声子弛豫速率常数 k_{nr} 可以用如下公式表示[94]：

$$k_{nr} \propto \exp\left(-\beta \frac{\Delta E}{h\omega_{max}}\right)$$

式中：β 为基质材料的经验常数，ΔE 为激发能级与下一能级的能级差，$h\omega_{max}$ 为基质材料最大声子能量。该公式说明当激发能级与下一能级的能级差较大时，多声子弛豫速率常数会减小，如图 1–19 所示，Er^{3+}和 Tm^{3+}的能级差较大，所以在这两种离子中发生弛豫的概率相对较少。所以，目前认为 Er^{3+}和 Tm^{3+}是上转换效率较高的两种激活离子。

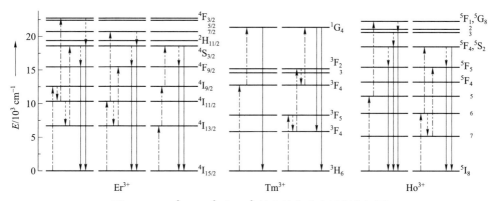

图 1–19　Er^{3+}、Tm^{3+}和 Ho^{3+}的上转换发光过程能级图

注：图中箭头代表辐射跃迁，无辐射能量传递，多声子弛豫过程[90]

1.2.3 上转换发光纳米材料的制备

上转换发光纳米材料的制备方法很多，主要包括水热法、溶剂热法、热裂解法、溶胶–凝胶法、共沉淀法、燃烧法、火焰法等。为了制备形貌、粒径可控，且上转换发光效率较高的纳米材料，需要对各种制备方法有一个基本的认识。使用常用制备方法制得的一些上转换发光纳米颗粒的 TEM 图像[91,95-104]，如图1-20所示。

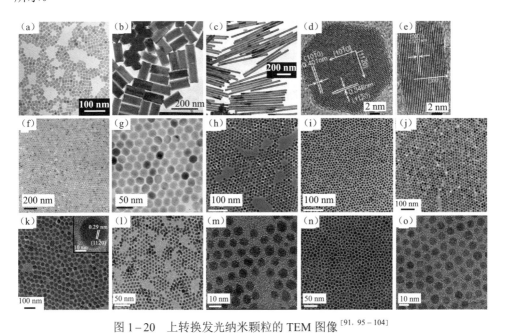

图1-20　上转换发光纳米颗粒的 TEM 图像[91,95-104]

注：（a）～（c）为 NaYF₄: Er, Yb 纳米颗粒；（d）～（g）为通过水热法制备的 LaF₃: Er, Yb 纳米颗粒；（h）～（i）为通过溶剂热法制备的 NaYF₄: Er, Yb 纳米颗粒；（j）～（o）为通过热裂解法制备的 NaYF₄: Er, Yb 纳米颗粒

表1-2列举了常用的上转换发光纳米材料及其制备方法，并总结了这些制备方法的优缺点。由于在本书中选用了共沉淀法及后退火法制备 Y₂O₃: Er, Yb 纳米颗粒，所以在本节中着重讨论共沉淀法[105]。

根据文献报道,用共沉淀法制备纳米、微米颗粒需要经过 5 个步骤,分别是:(1)在溶液中混合阴、阳离子;(2)纳米颗粒的成核与生长;(3)沉淀;(4)沉淀的洗涤;(5)退火得到氧化物纳米颗粒[106]。

以制备 Y_2O_3: Er, Yb 纳米颗粒为例。首先,尿素在 80 ℃下水解生成 OH^-,

$$CO(NH_2)_2 + H_2O \rightarrow CO_2 + NH_4^+ + OH^-$$

Y^{3+} 与尿素中水解出的 OH^- 生成 $Y(OH)_3$,

$$Y^{3+} + OH^- \rightarrow Y(OH)_3$$

在 $Y(OH)_3$ 成核和生长过程中,由表面活性剂对粒径和形貌进行控制。反应结束后,对纳米颗粒进行分离、洗涤。洗涤完毕后,高温退火,即可形成 Y_2O_3: Er, Yb 纳米颗粒。

$$Y(OH)_3 \rightarrow Y_2O_3 + H_2O$$

形成的纳米颗粒粒径可控,形貌规则。

表 1-2　常用的上转换发光纳米材料及其制备方法的总结[90]

制备方法	可制备的材料	特　点
共沉淀	LaF_3, $NaYF_4$, $LuPO_4$, $YbPO_4$, Y_2O_3	优点:方法简单,前驱体处理工艺简单;制备周期短,纳米材料的生长速度较快 缺点:一般需要后退火处理,才能得到最终产物;在退火过程中,纳米材料的形貌破坏严重
热裂解法	LaF_3, $NaYF_4$, $GdOF$	优点:制备出的纳米材料形貌较容易控制,且具有较好的单分散性 缺点:对制备条件要求较为苛刻,且材料的前驱体不稳定,对环境中的水、氧气极其敏感;制备中采用的前驱体大多有毒
水热法	LaF_3, $NaYF_4$, $La_2(MoO_4)_3$, YVO_4	优点:对原材料的要求低,制备方法简单,不需要后热处理,且对纳米材料的粒径和形貌控制较简单 缺点:对反应的设备有要求(如水热反应釜,温度控制设备等)
溶胶-凝胶法	ZrO_2, TiO_2, $BaTiO_3$, $Lu_3Ga_5O_{12}$, YVO_4	优点:对原材料的要求低,合成方法简单 缺点:通常需要较高温度的热退火,且在退火过程中,纳米材料的形貌破坏严重
燃烧法	Y_2O_3, Gd_2O_3, La_2O_2S	优点:合成时间短,能耗低 缺点:纳米材料团聚现象严重
火焰法	Y_2O_3	优点:合成时间短,能耗低 缺点:纳米材料团聚现象严重

1.2.4　上转换发光纳米材料颜色的调控

1. 通过控制掺杂离子种类对上转换发光的颜色进行调控

通过控制掺杂离子（敏化离子和激活离子）的种类来调控上转换发光的颜色是较为普遍的方法之一。由于每种镧系元素具有一系列的能带结构，且发射峰都较尖锐，所以通过控制基质材料中掺杂离子的种类，可以控制对应发射峰的强度，从而实现对材料发光颜色的调控。表 1-3 为控制掺杂离子种类对一些基质材料上转换发光颜色的调控情况。

表 1-3　控制掺杂离子的种类对一些基质材料上转换发光颜色的调控情况 [90. 108-110]

单位: nm

掺杂离子	基质材料	主要发光颜色及对应波长		
		蓝色	绿色	红色
Yb^{3+}, Tm^{3+}	α-NaYF$_4$	450 475（S）		647（W）
	β-NaYF$_4$	450 475（S）		
	LaF$_3$	475（S）		
	LuPO$_4$	475（S）		649（S）
Yb^{3+}, Ho^{3+}	α-NaYbF$_4$		540（S）	
	LaF$_3$		542（S）	645 658（M）
	Y$_2$O$_3$		543（S）	665（M）
Yb^{3+}, Er^{3+}	α-NaYF$_4$	411（W）	540（M）	660（S）
	β-NaYF$_4$		523 542（S）	656（M）
	LaF$_3$		520 545（S）	659（S）
	YbPO$_4$		526 550（S）	657 667（S）
	Y$_2$O$_3$		524 549 W	663 673（S）

注: S 表示强, M 表示中, W 表示弱。

Hasse 研究小组第一次制备了 NaYF$_4$: Yb, Er（20/2 mol%）和 NaYF$_4$: Yb, Tm（20/2 mol%）纳米颗粒，在波长为 980 nm 的激发光下分别发射出肉眼可见的黄色光和蓝色光，图 1-21（a）和图 1-21（d）分别为两个样品的实际发光情况。其

中黄色的 Er^{3+} 的发光来自于两个发射带,分别对应绿色和红色的发光[88]。图 1-21(b)和图 1-21(c)为样品 NaYF$_4$: Yb, Er(20/2 mol%)分别经过绿色和红色的滤光片之后的发光情况。如图 1-22 所示,Nann 等人证实了在 980 nm 激发光下,蓝、绿、黄、红四种颜色的发射分别来自 NaYbF$_4$: Tm, NaYbF$_4$: Ho, NaYbF$_4$: Er 和 NaYF$_4$: Yb 纳米颗粒[107]。

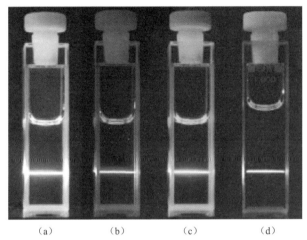

(a) (b) (c) (d)

图 1-21 在波长为 980 nm 的激发光下 NaYF₄: Yb, Er(20/2mol%)和
NaYF₄: Yb, Tm(20/2mol%)纳米颗粒的发光情况[88]

注:(a)为 NaYF$_4$: Yb, Er(20/2 mol%)的上转换发光;(b)和(c)为同一个样品经过红色和绿色的滤光片之后的发光情况;(d)为 NaYF$_4$: Yb, Tm(20/2 mol%)的上转换发光

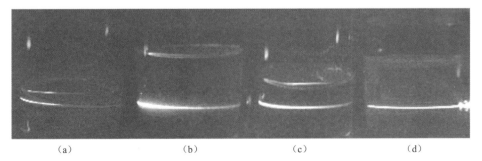

(a) (b) (c) (d)

图 1-22 四种上转换发光纳米颗粒在氯仿中的发光情况

注:(a)为 NaYbF$_4$: Tm;(b)为 NaYbF$_4$: Ho;(c)为 NaYbF$_4$: Er;(d)为 NaYF$_4$: Yb[107]

2. 通过控制掺杂离子浓度对上转换发光的颜色进行调控

对上转换发光颜色的调控，最简单、高效的方法是对掺杂离子浓度的控制。掺杂离子的浓度决定了相邻两个掺杂离子之间的平均距离，而掺杂离子之间的平均距离直接影响了材料的发光性质。例如，当 Y_2O_3: Yb, Er 体系中 Yb^{3+} 的浓度增大时，会增强激发态 Er^{3+} 向 Yb^{3+} 的反向能量传递，同时造成 Er^{3+} 在红色发光区域的发射增强。Zhang 课题组也报道了类似的实验结果，在 ZrO_2: Yb, Er 体系中提高 Yb^{3+} 的浓度，样品红光发射明显增强[113]。而在 $NaYF_4$: Yb, Er 体系中，Li 等研究工作者也发现了相同的实验结果[114]。

新加坡的 Xiaogang Liu 在此基础上，对通过控制掺杂离子浓度来调控上转换发光的颜色进行了更为细致的研究。如图 1-23 所示，选用 α-$NaYF_4$ 作为基质材料，改变 Yb^{3+}、Tm^{3+} 和 Er^{3+} 的浓度，在波长为 980 nm 的光激发下，可以对 $^2H_{9/2} \rightarrow {}^4I_{15/2}$，$^2H_{11/2} \rightarrow {}^4I_{15/2}$，$^4S_{3/2} \rightarrow {}^4I_{15/2}$ 和 $^4F_{9/2} \rightarrow {}^4I_{15/2}$ 的辐射跃迁强度进行调控，从而实现对材料发射蓝光、绿光、红光的调控。更为重要的是，通过提高敏化离子 Yb^{3+} 在基质材料中的浓度，使得 Er^{3+} 向 Yb^{3+} 的反向能量传递增强，造成蓝光发射（$^2H_{9/2} \rightarrow {}^4I_{15/2}$）和绿光发射（$^2H_{11/2} \rightarrow {}^4I_{15/2}$，$^4S_{3/2} \rightarrow {}^4I_{15/2}$）强度减弱，红光发射强度增强。通过控制敏化离子 Yb^{3+} 在体系中的浓度（25%～60%），可以实现材料发光颜色从黄光到红光的调控[115]。

3. 通过控制纳米颗粒粒径对上转换发光的颜色进行调控

许多研究小组已经证实，可以通过控制纳米颗粒的粒径来调控上转换发光的颜色。Capobianco 小组报道，当 Y_2O_3: Yb, Er 的粒径为 20 nm 时，相比同样掺杂比例的 Y_2O_3: Yb, Er 体材料，可以明显观察到红光发射强度增强；另外 Song 小组也有相关报道，通过制备一系列不同粒径尺寸的 Y_2O_3: Yb, Er（13～55 nm），可以明显观察到相同掺杂比例的样品随着粒径尺寸的减小，发光颜色从绿色向红色的转变[84, 111-112]。

值得注意的是，这种尺寸效应导致的上转换发光颜色的变化，更多的来自于表面缺陷的增加，而不是由于粒径尺寸的减小导致的量子限制效应。当稀土元素

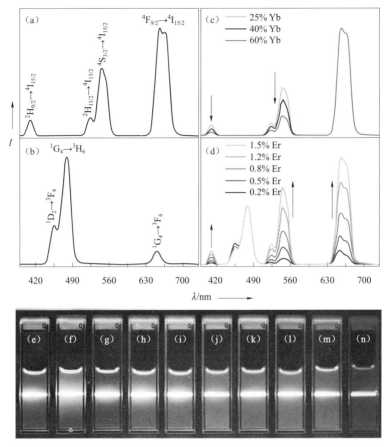

图 1-23　室温下，不同掺杂离子浓度的上转换发光材料在加醇溶液中的
上转换发光光谱图与实际发光情况

注：(a) 为 NaYF$_4$: Yb, Er（18/2 mol%）；(b) 为 NaYF$_4$: Yb, Tm（20/0.2 mol%）；
(c) 为 NaYF$_4$: Yb, Er（25～60/2 mol%）；(d) 为 NaYF$_4$: Yb, Tm/Er（20/0.2/0.2～1.5 mol%）
实际照片 (e) 为 NaYF$_4$: Yb, Tm（20/0.2 mol%）；(f) ～ (j) 为 NaYF$_4$: Yb, Tm/Er（20/0.2/0.2～1.5 mol%）；
(k) ～ (n) 为 NaYF$_4$: Yb, Er（18～60/2 mol%）[115]

上转换纳米颗粒的粒径尺寸减小时，掺杂离子在纳米颗粒表面的浓度相应地提高，
而材料的发光来自于掺杂离子在纳米颗粒表面和内部被激发后从高能级返回基态
发光的结果，也就是说，控制上转换纳米颗粒的粒径相当于控制了掺杂离子在纳
米颗粒内部和表面的比例。通过这一手段可以达到调控上转换发光颜色的目的。

1.2.5 上转换发光效率的提高和材料体系的优化

上转换发光效率的提高对于材料在生物标记、生物活体检测等方面的应用来说是至关重要的。目前，对于不同基质材料，如 $NaYF_4$[116]，LaF_3[117]，$NaGdF_4$[118]，Y_2O_3[119]，Gd_2O_3[104] 等，科研工作者均相应提出了不同的策略。

一般来讲，发光量子产率可以定义为发射光子和吸收光子的比例。而对于上转换发光产率的定义，Van Veggel 等研究者用积分球、光谱仪和泵浦光源设计出了一套上转换发光的测量方式，并定义了上转换发光的量子产率[120]：

$$QY = \frac{L_{sample}}{E_{reference} - E_{sample}}$$

式中：QY 为量子产率，L_{sample} 为样品的发射强度，$E_{reference}$ 和 E_{sample} 分别为没有被参考样品吸收的激发光的强度和没有被样品吸收的激发光的强度。目前，上转换发光效率最高的材料是粒径为 100 nm 的 $NaYF_4$: Yb, Er，在特定激发光功率（10 W·cm⁻²）下，上转换发光效率仅为 0.3%[120-121]。上转换发光效率的提高可以通过增加上转换发光材料的粒径，改变晶相、提高基质材料的结晶度，制备核壳结构消除材料的表面缺陷，表面等离激元效应增强发光等手段实现。

1. 增加上转换发光材料的粒径

当上转换发光材料的粒径减小时，比表面积成倍增大，会带来较多的表面缺陷，导致上转换发光材料的无辐射跃迁增加。Liu 的研究小组对不同粒径的 $NaGdF_4$: Yb, Tm 进行了合成，并对 10 nm、15 nm、25 nm 三种粒径的纳米材料进行了光学性能的表征，发现较小的粒径会大幅度降低上转换发光的强度。对于体系 $NaYF_4$: 20%Yb, 2%Er，当粒径从 10 nm 增大到 100 nm 时，上转换发光效率可以从 0.005%提高至 0.3%。所以，增大粒径可以增强上转换发光强度，提高发光效率[121]。

2. 制备核壳结构消除材料的表面缺陷

对于粒径较小的上转换发光颗粒来说，消除表面缺陷的另外一个重要手段是制备晶格匹配的核壳结构，通过包覆作用来减少发光颗粒表面缺陷引起的发光猝灭。例如，对于 $NaYF_4$: Yb, Er 颗粒来说，$NaYF_4$: Yb, Er/Tm@$NaYF_4$[122]，$NaYF_4$: Yb, Er@$NaGdF_4$[123]，$NaGdF_4$: Yb, Tm@$NaGdF_4$[84]等核壳结构已成功制备（如图 1-24 和图 1-25 所示）。

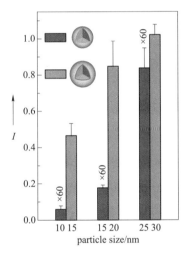

图 1-24　在 $NaGdF_4$: Yb, Er/Tm（25/0.3 mol%）发光体系中，不同粒径有无包覆作用时材料发光强度的比较（4 nm 与 8 nm 的核壳结构），以及发光强度对 300～850 nm 范围内发光峰的积分强度（激光光源为 980 nm 的半导体激光器）

3. 表面等离激元效应增强发光

将上转换发光材料与具有等离激元效应的贵金属纳米材料相结合，可以明显提高上转换发光的效率，这一效应被称为表面等离激元耦合发射效应（surface plasmon coupled emission，SPCE）。如 Yan 等人将 Ag 纳米线排布在立方晶相的 $NaYF_4$: Yb, Er 材料表面，发现红光（650 nm）和绿光（550 nm）的发射峰强度明显增强[125]。Qin 等人发现，在上转换发光体系 $NaYF_4$: Yb, Tm 中，如果将 Au

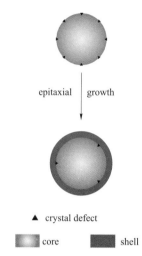

epitaxial | growth

▲ crystal defect

■ core ■ shell

图 1-25 通过制备核壳材料，上转换发光材料表面缺陷消除的示意图[124]

纳米颗粒修饰在其表面，材料在波长 291 nm 和 345 nm 处的发射峰强度分别提升了 73.7 倍和 109 倍[126]。

近年来，这一能够显著增强上转换发光强度的现象受到了广泛关注，各种上转换发光/贵金属复合纳米材料也相继被制备，如 NaYF4: Yb, Er/Tm@Au[127]，Ag@SiO₂@ Y₂O₃: Yb, Er[128] 等。

1.2.6 上转换发光纳米材料的应用

由于上转换发光纳米材料可以利用低能量的光子并辐射高能量的光子，这种特性对于生物的损伤较低，且低能量的红外光一方面对生物体组织的穿透性较强，另一方面不会激发生物体的发光，且随着设备检测水平的提高，肉眼可见的上转换发光也大大满足了设备检测的要求。所以，目前围绕上转换发光纳米材料的主要应用均集中在生物活体检测、生物诊断、细胞成像等方面[91, 129]。图 1-26 为上转换纳米颗粒在荷瘤小鼠 hela 细胞系的上转换发光成像（右后腿）。

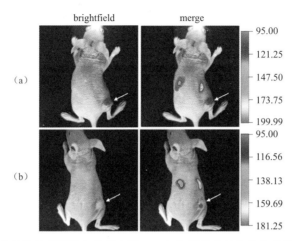

图 1-26　上转换纳米颗粒在荷瘤小鼠 hela 细胞系的上转换发光成像（右后腿）

注：通过静脉注射，（a）为 UCNPs-NH$_2$；（b）为 UCNPs-FA[130]

1.3　研究课题的提出

基于二氧化钛纳米材料研究课题的提出背景如下。

综合以上研究，作者认为优化二氧化钛纳米材料的性能，并将其应用于有机薄膜太阳能电池极具研究价值。结合课题组的研究方向及实验条件，对二氧化钛进行晶相、形貌方面的控制、分析，以及构建新型二氧化钛－贵金属纳米复合材料提高材料的光电性能是材料合成的主要目标。其中，在合成过程中，对相关实验条件（如温度、紫外光照射等）进行改变，探索其对复合材料形貌、等离激元效应的控制是非常有必要的。在此基础上，合成出的材料应用于反型结构的太阳能电池，并分析贵金属纳米颗粒的引入对器件性能的影响。这些方面的研究有助于研发新型、具有特殊形貌和功能的光电功能材料。本书在二氧化钛纳米材料研究方面的工作主要包括以下几个部分。

（1）合成锐钛矿相的二氧化钛纳米棒，通过使用低沸点溶剂抽取的方法对二氧化钛纳米棒的形貌进行控制，并对形貌形成机理进行研究。在此基础上，应用光化学还原金属纳米颗粒的方法，制备 TiO_2-Ag 纳米复合材料，并对 Ag 纳米颗粒的粒径进行调控。将 TiO_2-Ag 复合纳米材料作为电子传输层，应用于反型结构的太阳能电池中，通过对器件电子传输层形貌进行分析，研究 Ag 纳米颗粒的引入对器件的影响。

（2）用二氧化钛纳米棒还原并合成 Au 纳米颗粒，并对 Au 纳米颗粒的形成机理进行讨论。通过对反应条件的控制，例如，紫外光照、加热、空穴捕获剂、还原剂的量，研究 Au 纳米颗粒在形成过程中的成核、生长，分析二氧化钛在体系中的作用。并在此基础上，研究二氧化钛光催化作用对于特殊结构中 Au 纳米颗粒生长的影响。

基于三氧化二钇的纳米材料研究课题的提出背景如下。

对于稀土上转换发光材料，特别是对于热稳定性、化学稳定性较高的氧化物纳米材料极具研究价值。结合课题组的实际情况，合成粒径和形貌可控、单分散性良好、发光效率较高的氧化物上转换发光材料，是材料合成的主要目标。同时，对氧化物上转换发光材料进行缺陷导入、消除，发光强度、颜色调控等机理方面的研究，有助于研发新型粒径可控、高发光效率的氧化物上转换发光材料。研究工作主要包括以下几部分。

（1）探索制备发光效率较高、形貌和粒径可控的氧化物上转换发光纳米材料。① 用共沉淀法制备 Y_2O_3: Yb, Er，通过控制表面活性剂的量来控制纳米材料的粒径；② 讨论纳米材料形貌、粒径对上转换发光性质的影响。

（2）探索热退火对上转换发光材料结晶性质与发光性质的影响。① 通过不同温度退火，制备不同结晶度的材料，并研究同一前驱体在不同温度下的形貌变化；② 制备发光颜色可调控的纳米材料，讨论不同结晶度对上转换发光性质的影响，并对上转换发光及颜色调控的机理进行讨论。

TiO₂ – Ag 复合纳米材料的制备与表征及在光伏器件中的应用

二氧化钛由于具有较好的化学稳定性、热稳定性，以及有效的空穴阻挡等性质，在众多的反型有机薄膜太阳能电池阴极修饰材料中，被认为是极具应用前景的材料之一[69-72]。而在二氧化钛晶型选择方面，普遍认为无定型的二氧化钛的电荷传输能力比锐钛矿相的二氧化钛要差很多。Li 的研究小组曾报道结晶性好的锐钛矿相的二氧化钛纳米棒较普通二氧化钛纳米颗粒具有更好的电荷传输性质，所以在光电转换效率上，对于相同结构的电池，选用锐钛矿相纳米棒结构的二氧化钛要明显优于普通的二氧化钛纳米颗粒[74]。

许多研究结果已经证实，复合结构的纳米颗粒通常具有更加优异的光电性质、磁性、催化性质等[72, 131-135]。而在光伏、光催化领域中，金属和半导体纳米颗粒（如二氧化钛）的结合，会使半导体纳米颗粒受激后的激子解离效率成倍提高[40, 136-139]。同时，由于金属半导体的接触，复合材料的费米能级重新平衡后能够增强材料内部的电子传输[140-141]。

而对于金属 – 半导体复合结构中金属材料的选择，Ag 由于无毒且属于较为廉价的贵金属材料，所以一直以来受到了广泛的重视。科研工作者已经设计出许多方法来制备 TiO₂ – Ag 复合纳米材料，例如，化学还原法、光化学还原法等[43,136,142-144]。在这些方法中，Ag 纳米颗粒粒径的精确控制及 TiO₂ 和 Ag 是否直接接触等问题一直是实现这一结构及应用的较大阻碍。于是，研究一种更简单、有效的方法来制备 TiO₂ – Ag 复合纳米材料，使 Ag 纳米颗粒粒径可以实现精确的控制，对于将其应用于太阳能电池等领域具有很重要的意义[145-146]。

在本章中，将采用可控粒径的 Ag 纳米颗粒来修饰锐钛矿相的二氧化钛纳米棒，将 TiO₂ – Ag 复合纳米材料作为阴极修饰层应用在有机光伏器件中。由于 Ag 纳米颗粒的引入，相比纯二氧化钛纳米棒，短路电流有了显著提高。而且 Ag 纳米颗粒的引入对太阳能电池电子的收集具有很大帮助[147-148]。经过吸收光谱、外量子效率测试等表征手段证实，Ag 纳米颗粒的引入确实可以增强激子分离和电子的传输，从而使电池的光电转换效率提升 19.1%。

2.1 实验用化学试剂及仪器和技术

2.1.1 实验用化学试剂

实验用化学试剂见表 2 – 1。

表 2 – 1 实验用化学试剂

名　称	规　格	制　造　商
钛酸四丁酯	97%	Fluka 试剂公司
油胺	70%	Sigma – Aldrich 试剂公司
油酸	90%	Sigma – Aldrich 试剂公司
1 – 十六醇	99%	Sigma – Aldrich 试剂公司

名　称	规　格	制　造　商
硝酸银	99%	Sigma - Aldrich 试剂公司
乙醇	99.8%	Fisher Scientific 试剂公司
甲苯	99.8%	Fisher Scientific 试剂公司

2.1.2　实验用仪器和技术

在实验过程中所使用的主要仪器和技术包括：X - 射线衍射技术、透射电子显微镜、扫描电子显微镜。

1. X - 射线衍射技术

X - 射线衍射技术（X - ray diffraction technique）是测定材料晶体结构的一种重要手段。X - 射线衍射技术的基本原理：当一束 X 射线入射到晶体时，由于晶体是由原子规则排列成的晶胞组成的，这些规则排列的原子间距与入射 X 射线波长具有相同数量级，所以由不同原子散射的 X 射线相互干涉，在某些特殊方向上产生强 X 射线衍射，它们在空间分布的方位和强度，与晶体结构密切相关。

将所测样品的 X 射线衍射谱与 JAPDS 标准卡片相对照，就可获得材料的晶体结构信息，如晶格常数等。另外，根据 X 射线衍射谱，由德拜 - 谢乐（Debye - Scherrer）方程可估算纳米粒子的粒径，这种测定纳米粒子粒径的方法叫作 X - 射线衍射线宽化法[149]，具体表示为：

$$D = K\lambda / B\cos\theta$$

式中：λ 为 X 射线的波长；K 为 Scherrer 常数，其值为 0.89；D 为晶粒尺寸（nm）；B 为衍射峰积分半高全宽。当纳米粒子为单晶时，该方法测得的是纳米粒子的粒径；当纳米粒子为多晶时，该方法测得的是组成纳米粒子晶粒的平均粒径。这种测量方法只适用于对晶态纳米粒子的粒径进行估算。

在实验中，使用 Bruker D8 Advance 型 X 射线仪对样品进行晶体结构的测量。其中辐射源为 Cu Kα，$\lambda = 0.154\ 18$ nm，工作电压为 40 kV，电流为 40 mA。

2. 透射电子显微镜

透射电子显微镜（transmission electron microscope）的工作原理是把加速和聚集的电子束投射到样品上，由于电子与样品中的原子碰撞会改变方向，从而产生立体角散射，其中散射角的大小与样品的密度、厚度相关。当这种散射形成明暗不同的影像后，通过呈像技术将影像放大、聚焦后，在成像器件上显示出来[150-151]。

在实验中，使用 Hitachi-7650 型透射电子显微镜对样品进行形貌分析，其中透射电子显微镜的工作电压为 80 kV。

3. 扫描电子显微镜

扫描电子显微镜（scanning electron microscope）主要是利用电子束切换可见光，同时利用电磁透镜来代替光学透镜成像方式的一种现代表征技术。其主要工作原理：当经过加速和会聚的电子照射到固体样品表面时，通过发生相互作用，产生一次或二次电子的弹性散射等信息。这些信息与样品表面的化学成分和几何形状有很大的关系。通过对这些信息的解析可以获得样品的表面形貌和化学成分等信息[152]。

2.2 材料的合成与表征

2.2.1 TiO₂ 纳米棒的制备

在实验中采用高温裂解法制备油相 TiO₂ 纳米棒[153]。为除掉油酸中低沸点的有机物，在热裂解反应前，首先将 22 mL 油酸在真空环境下加热到 150 ℃并保持 1 h。等降至室温后，在反应体系中充入 N₂ 恢复常压，加入 3.5 mL 的钛酸四丁酯，升温至 270 ℃并保持 3 h。在升温过程中，可以通过抽取反应体系中的低沸点物质来控制 TiO₂ 纳米棒的生长。反应结束后，当温度降低至 80 ℃时，加入 40 mL 乙醇，8 000 rpm 离心得到白色沉淀。用甲苯分散沉淀，并用乙醇使 TiO₂ 纳米棒重新析出，离心洗涤沉淀，重复 3 次。最后将白色沉淀重新分散于 20 mL 甲苯中，此时 TiO₂ 纳米棒的浓度大约为 6 mg/mL。

2.2.2　TiO₂－Ag 复合纳米颗粒的制备

银储备溶液的配制过程如下：在 0.6 mmol 的硝酸银中加入 1 mL 的油胺磁力搅拌 1 h 形成白色胶状物，然后加入 2 mL 的甲苯溶液强烈搅拌 1 h 后形成透明溶液作为银储备溶液。标准的 TiO₂－Ag 复合纳米颗粒的制备过程如下：混合 1.5 mL 的银储备溶液，500 μL 的二氧化钛纳米棒（6 mg/mL），以及 1 mL 的甲苯。在研究十六醇对 Ag 生长的影响章节中，如需要加入十六醇粉末，可将十六醇溶解于 1 mL 甲苯中加入反应体系。混合溶液用聚四氟乙烯材质的瓶盖密封，并通 N₂ 15 min 以除掉氧气。然后将混合液体放置于功率为 6 W 的紫外灯前照射，样品距紫外灯的距离约为 10 cm，紫外照射时长可以控制在 30~300 min。反应完毕后，离心棕色溶液得到沉淀，并用甲苯和乙醇洗涤 3 次。最终产物分散于 8 mL 的甲苯中用于太阳能器件的制备。

2.2.3　TiO₂ 纳米棒的 X 射线衍射表征

图 2－1 为通过热裂解法制备的 TiO₂ 纳米棒的 X 射线衍射图谱。从图 2－1 中可以看出，退火后样品的衍射峰能够和锐钛矿相的 TiO₂ 标准卡片（JCPDS No. 21－1272）的标准峰较好地对应，并且样品杂峰较少，这说明 TiO₂ 纳米棒有较好的结晶度。

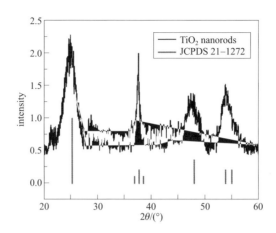

图 2-1 通过热裂解法制备的 TiO₂ 纳米棒的 X 射线衍射图谱

2.2.4 TiO₂ 纳米棒的 TEM 表征

由图 2-2（a）、图 2-2（b）可以看出，通过热裂解法制备得到的样品为棒状结构，宽度为 3 nm 左右，长度为 20～40 nm（关于不同长度 TiO₂ 纳米棒的制备方法参考 2.3 节）。由于纳米棒的表面配体为油酸分子，所以当其置于极性较弱的溶剂中时，具有很好的单分散性。

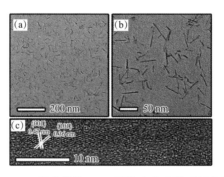

图 2-2 TiO₂ 纳米棒的 TEM 图像和高分辨透射电镜图像

图 2-2（c）为 TiO₂ 纳米棒的高分辨透射电镜图像，从图中可以看出，样品的结晶度较高，较为清晰的两个晶面为 {001} 面和 {101} 面。可以明显看出，在热

裂解生成 TiO₂ 纳米棒的过程中，纳米棒是沿着{001}面生长的，这可能是因为相比{101}面，{001}面具有较高的表面能。这一沿着{001}面快速生长的特征也是典型的生成锐钛矿相 TiO₂ 的特征[29, 154]。

2.3　不同长度 TiO₂ 纳米棒的制备

由于在整个反应体系中，纯度不高的油酸和钛酸四丁酯混合溶液中存在有大量的低沸点物质，影响 TiO₂ 纳米棒沿{001}面的生长。当低沸点物质大量存在，且反应体系在升温和保温过程中经常发生暴沸时，反应结束后通常生成较短的 TiO₂ 纳米棒；若在反应体系升温过程中，抽取低沸点溶剂，则可以有效控制反应体系的暴沸现象，从而使得 TiO₂ 纳米棒能够沿{001}面生长，反应结束后，能够得到较长的 TiO₂ 纳米棒。

在升温过程中，当在 130∼250 ℃抽取低沸点物质时，反应结束后生成的 TiO₂ 纳米棒的平均粒径为 3 nm，长度为 29 nm，如图 2−3（a）和图 2−3（d）所示；当在 130∼270 ℃抽取低沸点物质时，反应结束后生成的 TiO₂ 纳米棒的平均粒径为

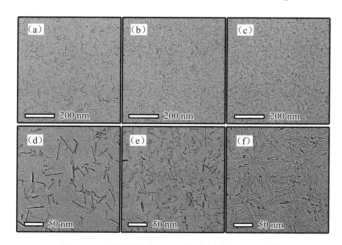

图 2−3　不同长度 TiO₂ 纳米棒的 TEM 图像

2.5 nm，长度为 56 nm，如图 2-3（b）和图 2-3（e）所示；当在 130~270 ℃抽取低沸点物质，并在 270 ℃继续抽取 10 min 时，反应结束后生成的 TiO₂ 纳米棒的平均粒径为 2 nm，长度为 76 nm，如图 2-3（c）和图 2-3（f）所示。

所得样品极易分散于环己烷、甲苯等极性较弱的溶剂中，从三种样品的低倍电子显微镜图像来看，三种样品都具有很好的单分散性，没有团聚现象的产生。

2.4 TiO₂-Ag 复合纳米颗粒形成机理探讨

2.4.1 紫外光对 TiO₂-Ag 复合纳米颗粒形成的影响

由于 TiO₂ 为宽禁带半导体材料（禁带宽度为 3.2 eV），在足够能量激发下，处于价带的电子跃迁至导带，在导带中形成光生电子，同时在价带留下一个空穴，在体相材料中，由于 TiO₂ 颗粒较大，所以电子和空穴很容易发生重新复合；而当 TiO₂ 粒径小至纳米级时，产生的电子和空穴很容易扩散到材料的表面，从而发生氧化还原反应。

因为 TiO₂ 纳米棒可以在紫外光照下产生电子，所以能够将银离子还原成银纳米颗粒，继而沉积在 TiO₂ 纳米棒的表面，从而形成 TiO₂-Ag 复合纳米颗粒。

为了得到油相的 TiO₂-Ag 的复合纳米颗粒，首先对反应中的银源进行处理。由于硝酸银在极性较弱的溶剂中的溶解性很差，而银离子和铵离子的配位作用较强，所以为了将硝酸银溶解在有机溶剂中，选择了长碳链的油胺作为配体。在 0.1 g 的硝酸银中加入 1 mL 的油胺溶液，强烈搅拌 1 h 后，形成白色胶状物，继续加入 2 mL 甲苯溶剂，强烈搅拌 1 h 后，即可形成银源的储备液。

将一定量的 TiO₂ 纳米棒与银源的储备液混合后，放置于波长为 365 nm 的紫外灯（6 W）前约 10 cm 的位置。照射不同时间，可以明显地看到样品的颜色变化，从无色透明到棕色，最终为棕黑色。将样品从反应器中取出，用甲苯和乙醇洗涤两次，即得到 TiO$_2$-Ag 纳米复合颗粒。图 2-4 为不同紫外光照射时间得到的 TiO$_2$-Ag 复合纳米颗粒的 TEM 图像。

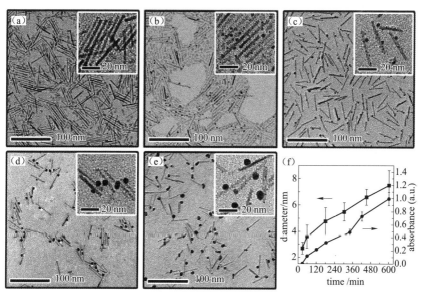

图 2-4　不同紫外光照射时间得到的 TiO$_2$-Ag 复合纳米颗粒的 TEM 图像

注：（a）为 TiO$_2$ 纳米棒的 TEM 图像；（b）～（e）为经过不同紫外光照射时间得到的 TiO$_2$-Ag 复合纳米棒的

TEM 图像；（b）为照射 30 min；（c）为照射 60 min；（d）为照射 180 min；（e）为照射 600 min；

（f）为银纳米颗粒的等离激元特征峰强度及银纳米颗粒的粒径随紫外光照时间的变化

由于银相对于 TiO$_2$ 具有较高的电子密度，所以在 TEM 图像中，银纳米颗粒相对于 TiO$_2$ 纳米棒具有较高的对比度，依据此可以明显分辨 TiO$_2$ 和银。从图 2-4 中的透射电镜图片（a）～（e）中，可以明显看出银纳米颗粒在 TiO$_2$ 纳米棒上的生长情况。

在照射 30 min 左右时，有很多银纳米颗粒沉积在一根 TiO$_2$ 纳米棒上，随着照射时间的延长，一个银纳米颗粒主导生长，最终形成一个 TiO$_2$ 纳米棒对应一个银纳米颗粒的"一对一"的结构。从粒径统计结果可以看出，银纳米颗粒的粒径有了很明显的变化，从 2.6 nm（照射 30 min）左右生长至 7.5 nm（照射 600 min），且在这一过程中银纳米颗粒的粒径可以得到精确的控制。

图 2-5 为紫外光照射不同时间后 TiO₂-Ag 复合纳米颗粒在溶液中的吸收光谱，从光谱中可以看出，银纳米颗粒的等离激元共振峰（430 nm）随着照射时间的延长，吸收峰强度明显增强，这也说明银纳米颗粒的粒径在增大。以 430 nm 处的强度对反应时间作图，可以得到吸收峰强度随光照时间的变化曲线。结合图 2-4 和图 2-5 可以看到，吸收峰的强度变化和银纳米颗粒的粒径变化是一致的，因此在此反应体系中可以通过测量吸收光谱来得到银纳米颗粒的大致粒径。

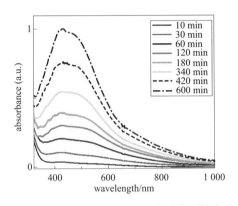

图 2-5　紫外光照射不同时间后 TiO₂-Ag 复合纳米颗粒在溶液中的吸收光谱

2.4.2　TiO₂-Ag 复合纳米颗粒形成机理的分析

为了研究 TiO₂-Ag 复合纳米颗粒"一对一"结构的形成机理，可以通过两个对比实验来研究紫外光照射促进的奥斯瓦尔德熟化机制对复合纳米颗粒形成的影响。首先，将 TiO₂ 纳米棒和银纳米颗粒的前驱体溶液混合，紫外光照射 1 h 后，分成 3 份。（1）将混合溶液继续紫外光照射 9 h；（2）将混合溶液放置于暗室 9 h；（3）将混合溶液用乙醇/甲苯洗涤两次后，重新分散在甲苯中，继续紫外光照射 9 h。

图 2-6（a）为样品（1）的 TEM 图像，从图中可以看出，TiO₂ 纳米棒和银纳米颗粒呈"一对一"的结构，且具有较好的单分散性。图 2-6（b）为样品（2）

的 TEM 图像，从图中可以看出，放入暗室 9 h 后与放置前样品的形貌区别不大，这一结果说明：一方面，紫外光照射是纳米银生长的必要条件，银纳米颗粒的长大来自于银离子被二氧化钛产生的电子还原、沉积；另一方面，紫外光照射促进了纳米棒上银纳米颗粒之间的熟化，在生长过程中使粒径较小的银纳米颗粒逐渐溶解重新结晶到粒径较大的银纳米颗粒上。图 2-6（c）为样品（3）的 TEM 图像，从图中可以看出，光照 1 h 后去掉溶液中的银源，继续紫外光照射 9 h 后，较小的银纳米颗粒消失，而较大的银纳米颗粒的粒径继续增大，并出现了团聚现象，这一现象也说明紫外光照射对银纳米颗粒熟化作用的促进；而且银纳米颗粒在生长的过程中，不仅消耗了溶液中的银离子，同时由于紫外光促进了熟化作用的发生，银纳米颗粒的长大还消耗了前期形成的粒径较小的颗粒。

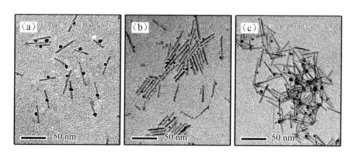

图 2-6   TiO₂-Ag 复合纳米材料的 TEM 图像

注：（a）混合溶液紫外光照射 10 h；（b）混合溶液紫外光照射 1 h 后，放置于暗室 9 h；（c）混合溶液
紫外光照射 1 h 后，用乙醇/甲苯洗涤两次重新分散在甲苯中继续紫外光照射 9 h

图 2-7 为 TiO₂-Ag 复合纳米颗粒的形成机理示意图，从图中可以看出 TiO₂-Ag 复合纳米颗粒"一对一"结构的形成过程。

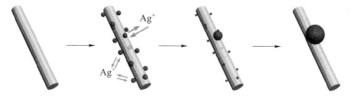

图 2-7   TiO₂-Ag 复合纳米颗粒的形成机理示意图

2.4.3 醇对于 TiO₂ – Ag 复合纳米颗粒形成的影响

在 TiO₂ 光催化分解污染物或产氢过程中，在反应体系中加入少量的醇作为空穴捕获剂，可以有效地减少空穴和电子的湮灭，提高 TiO₂ 光催化的效果[155 – 156]。同样，对于 TiO₂ 光催化还原 Ag^+ 形成 TiO₂ – Ag 复合纳米颗粒的过程，在体系中加入适量的醇，可以有效地提高电子还原 Ag^+ 的能力，加快反应速率。

由于反应体系所采用的溶剂均为非极性溶剂，短链的醇溶解性很差，所以选用十六醇这种长碳链的醇作为体系中的空穴捕获剂；同时实验比较了体系中无十六醇，以及低浓度（0.1 mM）和高浓度（0.5 mM）十六醇对银纳米颗粒生长的影响。

图 2–8(a)～图 2–8(c)为上述三种混合溶液紫外光照射 1 h 后形成的 TiO₂ – Ag

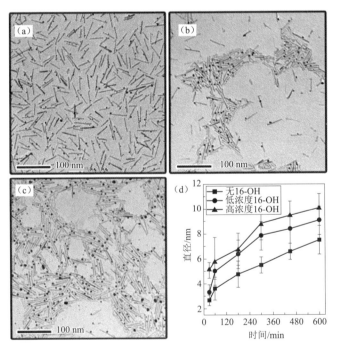

图 2–8 紫外光照射 1 h 后形成的 TiO₂ – Ag 复合纳米颗粒的 TEM 图像

注：(a) 体系中无十六醇；(b) 在体系中加入低浓度（0.1 mM）的十六醇；(c) 在体系中加入高浓度的（0.5 mM）的十六醇；(d) 在三种条件下的 Ag 纳米颗粒的生长曲线

复合纳米颗粒的 TEM 图像，从图中可以看出，当体系中无十六醇时，紫外光照射 1 h 后生成的银纳米颗粒粒径为 3.59 nm；体系中存在低浓度十六醇时，相同反应条件，生成的银纳米颗粒粒径为 5.02 nm；当体系中存在高浓度十六醇时，相同反应条件，生成的银纳米颗粒粒径为 5.83 nm。同时，通过改变紫外光照射的时间，可以拟合出在三种情况下的银纳米颗粒的生长曲线，从图 2－8（d）可以看出，在体系中加入十六醇时，可以明显促进银离子的还原。当十六醇浓度较高时，反应结束后生成的银纳米颗粒粒径明显大于十六醇浓度较低或者没有十六醇时的体系。这证明十六醇作为空穴捕获剂可以有效减少电子和空穴的湮灭，增大电子还原银离子的概率。

　　图 2－9、图 2－10 和图 2－11 分别为体系中无十六醇、存在低浓度十六醇、存在高浓度十六醇的情况下，对应样品的 TEM 图像及银纳米颗粒的粒径统计。

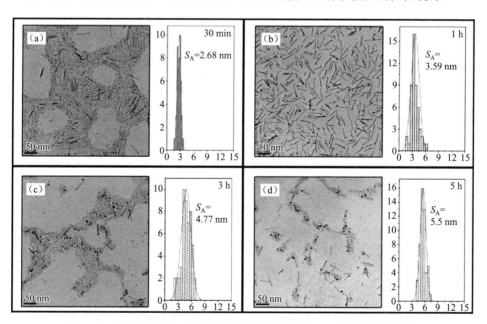

图 2－9　无十六醇时，紫外光照射不同时间后在 TiO₂ 纳米棒上生成的银纳米颗粒 TEM 图像及粒径统计

注：（a）30 min；（b）1 h；（c）3 h；（d）5 h

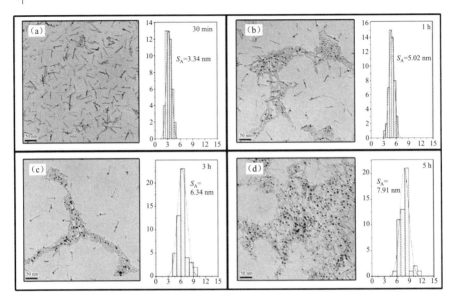

图 2-10　存在低浓度（0.1 mM）的十六醇时，紫外光照射不同时间后在 TiO$_2$
纳米棒上生成银纳米颗粒的 TEM 图像及粒径统计

注：（a）30 min；（b）1 h；（c）3 h；（d）5 h

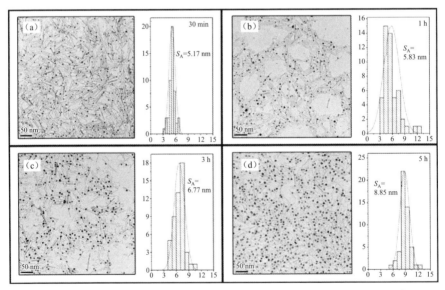

图 2-11　存在高浓度（0.5 mM）的十六醇时，紫外光照射不同时间后在
TiO$_2$ 纳米棒上生成的银纳米颗粒 TEM 图像及粒径统计

注：（a）30 min；（b）1 h；（c）3 h；（d）5 h

2.4.4 TiO$_2$ 纳米棒长度对于 TiO$_2$-Ag 复合纳米颗粒形成的影响

为了研究 TiO$_2$ 纳米棒长度对 TiO$_2$-Ag 复合纳米颗粒形成的影响，实验采用三种不同长度 TiO$_2$ 纳米棒在相同反应条件下制备 TiO$_2$-Ag 复合纳米颗粒。从图 2-12 中可以看出，用 20 nm 和 45 nm 长的 TiO$_2$ 纳米棒还原银离子，很容易形成纳米棒和银纳米颗粒"一对一"的结构，而且当纳米棒长度为 45 nm 时，被还原形成的银纳米颗粒粒径较为均匀；而当纳米棒长度为 76 nm 时，只有少量纳米棒上有银纳米颗粒生成，并没有形成"一对一"的结构。

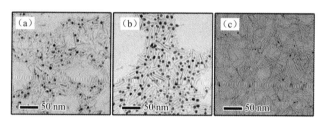

图 2-12 不同长度 TiO$_2$ 纳米棒与硝酸银经过 5 h 紫外光照射后
TiO$_2$-Ag 复合纳米颗粒的 TEM 图像
注：(a) 20 nm；(b) 45 nm；(c) 76 nm

造成这一现象的原因：由于 TiO$_2$ 单分散于非极性溶剂中，紫外光激发 TiO$_2$ 产生的电子在纳米棒上传输时很容易由于 TiO$_2$ 表面配体或是内部结晶的缺陷而造成电子的重新复合，且重新复合的概率随纳米棒变长、直径变小而增加，所以当纳米棒较短且较粗时，银离子很容易被电子还原，并沉积在 TiO$_2$ 的表面，如图 2-12 (a) 和图 2-12 (b) 所示；当纳米棒较长且较细时，电子在纳米棒上的传输过程中复合概率较大，还原银离子的能力较弱，所以产生的银纳米颗粒较少，如图 2-12 (c) 所示。

图 2-13 为三种长度的 TiO$_2$ 纳米棒在紫外光照不同时间后形成的 TiO$_2$-Ag 复合纳米颗粒在溶液中的吸收光谱。从图 2-13 中可以看出，三种长度的 TiO$_2$ 纳米棒还原银离子产生的银纳米颗粒均在 430 nm 处出现吸收峰，且随着紫外光照射时间

的延长，吸收峰强度变强。从图 2-13（d）中可以看出，20 nm 和 45 nm 长的 TiO₂ 纳米棒还原银离子产生银纳米颗粒的速率接近，这一结果和 TEM 图像中形成的大量 "一对一" 结构的 TiO₂-Ag 复合纳米颗粒的结果相吻合；而 76 nm 长的 TiO₂ 纳米棒由于还原银离子生成银纳米颗粒的能力弱，所以产生银纳米颗粒的速率较低。

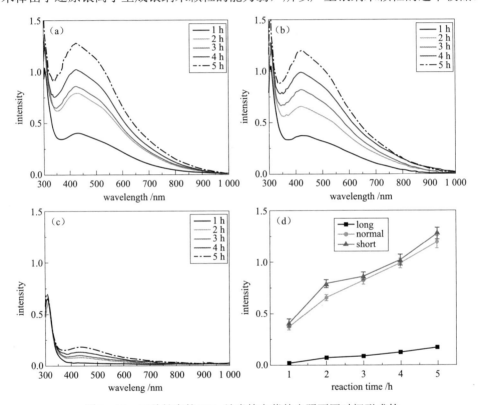

图 2-13　三种长度的 TiO₂ 纳米棒在紫外光照不同时间形成的
TiO₂-Ag 复合纳米颗粒在溶液中的吸收光谱

2.5　TiO₂-Ag 复合纳米颗粒在光伏器件中的应用

为了探究复合纳米颗粒在反型太阳能电池中的作用，课题组比较了 TiO₂ 和 TiO₂-Ag 分别作为反型器件中的阴极修饰层对器件效率的影响。本书中采用的反型器件的结构为：glass/ ITO（氧化铟锡）/ ETL（电子传输层）/ PBDTTT－C：PC$_{71}$BM/ MoO$_3$/Ag。

图 2－14 为反型器件的结构与材料，图 2－15 为器件中各材料的 HOMO（最高占据分子轨道）与 LUMO（最低未占据分子轨道）能级图。

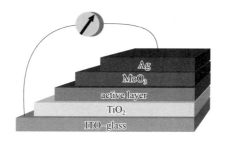

图 2－14 反型器件的结构与材料

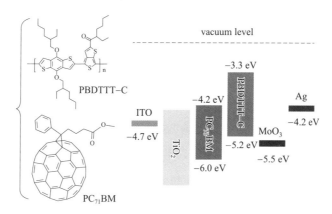

图 2－15 器件中各材料的 HOMO 与 LUMO 能级图

2.5.1 有机光伏器件的制备

在有机光伏器件制备过程中，用到的活性层材料 PBDTTT－C 和 PC$_{71}$BM 分别购买于 Solarmer Material Inc.和 Solenne Inc.。

活性层材料配比：以 1，2－二氯苯为溶剂混合溶解 PBDTTT－C 与 PC$_{71}$BM（质量比为 1:1.5，混合物的浓度为 10 mg/mL），随后在混合溶液中加入 3%（体积比）的二碘辛烷（DIO）。

清洗 ITO 玻璃：分别用去离子水、丙酮和异丙醇超声清洗 ITO 玻璃各 15 min，清洗完毕后用氮气吹干。

器件制备：将清洗好的 ITO 玻璃转移到充满 N$_2$ 的手套箱中，将配制好的 TiO$_2$ 纳米棒溶液旋涂在 ITO 玻璃上，转速为 1 500 r/min。表面干燥后，将其放置于波长为 365 nm 的紫外光下照射 30 min，在 150℃ 下热处理 15 min，用以利用 TiO$_2$ 光催化产生的电子和空穴去除有机物和二氧化钛表面的配体。处理结束冷却至室温后，用旋涂法制备活性层薄膜，转速为 1 500 r/min。最后，在真空度为 2×10^{-4} Pa 下，蒸镀厚度为 10 nm 的 MoO$_3$ 和 100 nm 的 Ag 电极。所得器件结构为：glass/ITO/ETL/PBDTTT–C：PC$_{71}$BM/MoO$_3$/Ag。

对制备好的光伏器件进行表征，如测试器件的 $J-V$（电流密度–光电压）特性、IPCE（入射光子电流效率）特性等。

2.5.2　有机光伏器件的表征

在本节中，以 ITO/TiO$_2$ nanorods/active layer/MoO$_3$/Ag 作为标准器件，研究了不同粒径的银纳米颗粒与 TiO$_2$ 结合后作为电子传输层对器件性能的影响。图 2–16 为用不同电子传输层制备的光伏器件在模拟太阳能光源下的 $J-V$ 特性曲线。

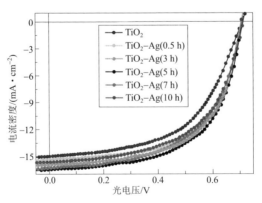

图 2–16　用不同电子传输层制备的光伏器件在模拟太阳能光源下的 $J-V$ 特性曲线

从图 2-16 及表 2-2 可以看出，银纳米颗粒的引入，可以显著提高太阳能电池的短路电流密度（J_{SC}）和填充因子（FF），其中紫外光照射 5 h 所形成的 TiO$_2$-Ag（5.5 nm）纳米复合物拥有最高的光电转换效率（PCE）。相比二氧化钛作为电子传输层的基础器件来说，J_{SC} 从 14.99 mA·cm^{-2} 提高至 16.46 mA/cm^2，FF 从 54.57% 提高至 59.19%，V_{OC}（开路电压）维持在 0.71V，PCE 从 5.81% 提高至 6.92%，整体效率提高约 19%。

表 2-2 不同电子传输层的器件性能参数

序号	electron transport layer	J_{SC}/（mA·cm^{-2}）	V_{OC}/V	FF/%	PCE/%
1	TiO$_2$	14.99	0.71	54.57	5.81
2	TiO$_2$-Ag（30 min）	15.36	0.71	59.08	6.44
3	TiO$_2$-Ag（3 h）	15.94	0.71	58.86	6.66
4	TiO$_2$-Ag（5 h）	16.46	0.71	59.19	6.92
5	TiO$_2$-Ag（7 h）	16.39	0.71	56.23	6.54
6	TiO$_2$-Ag（10 h）	15.63	0.71	57.18	6.34

图 2-17 为 PCE 最高的器件相比基础器件的外量子效率光谱及相对应各个波

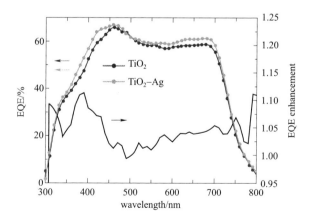

图 2-17 PCE 最高的器件相比基础器件的外量子效率光谱及相对应各个波长效率的增幅

长效率的增幅。从图 2－17 中可以看出，基础器件在 450 nm 处的外量子效率约为
65%，当将银纳米颗粒引入之后，在 350～500 nm 和 550～700 nm 两个范围内，
外量子效率有了连续的增加，从这一结果来看，器件中 J_{SC} 和 FF 的提高很有可能
来自于银纳米颗粒的引入促进了电子的收集和向阴极的传输[146, 157－158]。

图 2－18 为不同大小的电子传输层对应的器件的外量子效率谱（EQE），从
图中可以看出，Ag 的引入使器件的外量子效率在 350～700 nm 的范围内均有不
同的增加，且当 TiO₂－Ag（5 h）作为电子传输层时，外量子效率谱线的积分面
积最大。

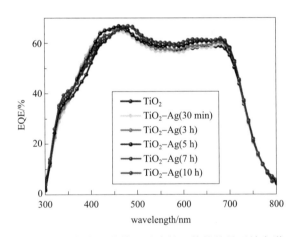

图 2－18　不同大小的电子传输层对应的器件的外量子效率谱（EQE）

随着紫外光照射时间的延长造成的银纳米颗粒的继续长大，使得活性层和银
纳米颗粒间的接触面积增大，从而使得电子和空穴重新复合的概率增大[159]。从器
件指标和光电转换效率来看，J_{SC} 从 16.46 mA·cm⁻² (从 16.46 mA·cm⁻²（5 h）下降至 15.63 mA·cm⁻²
（10 h），FF 从 59.19（5 h）下降至 57.18（10 h），PCE 从 6.92%（5 h）下降至 6.34%
（10 h）。而从外量子效率谱中来看，外量子效率谱线的积分面积从 5 h 之后也有了
明显的下降。

使用原子力显微镜（atomic－force microscopy，AFM）在轻敲模式下测量 TiO₂ 纳

米棒和 TiO$_2$-Ag 复合纳米颗粒薄膜在 ITO 玻璃上经过紫外光照射和加热处理之后的 AFM 图像，如图 2-19 所示。从 AFM 的高度图和相图来看，TiO$_2$ 纳米棒旋涂成膜，经过紫外光照射和加热处理之后，成膜性良好，表面平整，薄膜表面粗糙度为 1.37 nm，且纳米棒结构清晰可见。而 TiO$_2$-Ag 复合纳米颗粒旋涂成膜，经过紫外光照射和热处理之后，可以看到膜的表面生成了较为明显的银纳米颗粒，纳米粒径较为均匀，但是薄膜的粗糙度明显增大，为 2.49 nm。

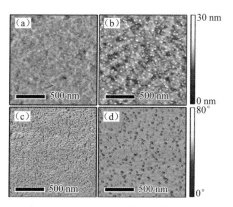

图 2-19   TiO$_2$ 纳米棒和 TiO$_2$-Ag 复合纳米颗粒薄膜在 ITO 玻璃上经过紫外光照射和加热处理之后的 AFM 图像

注：（a）为 TiO$_2$ 纳米棒薄膜高度图；（b）为 TiO$_2$-Ag 复合纳米颗粒薄膜高度图；

（c）为 TiO$_2$ 纳米棒薄膜相图；（d）为 TiO$_2$-Ag 复合纳米颗粒薄膜相图

使用扫描电子显微镜测量 TiO$_2$ 纳米棒和 TiO$_2$-Ag 复合纳米颗粒薄膜在 ITO 玻璃上经过紫外光照射和加热处理之后的 SEM 图像，如图 2-20 所示。从

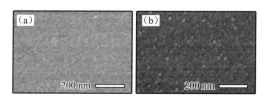

图 2-20   TiO$_2$ 纳米棒和 TiO$_2$-Ag 复合纳米颗粒薄膜在 ITO 玻璃上经过紫外光照射和加热处理之后的 SEM 图像

注：（a）为 TiO$_2$ 纳米棒；（b）为 TiO$_2$-Ag 复合纳米颗粒

图 2–20 可以看出，TiO_2 纳米棒薄膜比较平整，TiO_2–Ag 复合纳米颗粒薄膜表面分布有粒径和形貌较均匀的银纳米颗粒。

2.6　本章小结

（1）采用热裂解法制备了 TiO_2 纳米棒，并通过在升温和保温过程中对溶剂中低沸点物质的抽取，达到控制 TiO_2 纳米棒长度的目的。

（2）采用光化学还原的方法制备了"一对一"结构的 TiO_2–Ag 复合纳米棒。通过控制紫外光照射的时间，可以精确地控制银纳米颗粒的粒径。对 TiO_2–Ag 复合纳米颗粒的形成机理做了系统分析：在紫外光照促进的熟化作用下，使得 TiO_2 纳米棒上小的银纳米颗粒消失，而大的银纳米颗粒继续长大，最终形成 TiO_2–Ag 复合纳米颗粒"一对一"结构。

（3）分析了醇对 TiO_2–Ag 复合纳米颗粒中银纳米颗粒生长过程的影响，证明了醇作为空穴捕获剂可以有效消除 TiO_2 纳米棒在紫外光照射作用下产生的空穴，减少了电子空穴的复合，从而有效促进了银纳米颗粒的生长。

（4）研究了 TiO_2–Ag 复合纳米颗粒作为电子传输层对反型有机太阳能器件的影响。和 TiO_2 纳米棒作为电子传输层的器件比较，TiO_2–Ag 复合纳米颗粒对电子的收集作用明显增强，光电转换效率提高了约 19%。但是，银纳米颗粒粒径过大会使得电子和空穴重新复合的概率增大，造成器件中短路电流密度和填充因子的下降。

3

TiO₂ 纳米棒催化合成 Au 纳米颗粒表征及其机理分析

为了提高 TiO_2 的催化活性和效率，一种较为高效的措施是将贵金属纳米颗粒与 TiO_2 纳米颗粒相结合，使得贵金属纳米颗粒作为电子阱，从而增强电子和空穴的分离[136, 139]。同时，贵金属和 TiO_2 组成的复合纳米结构可以重新构建费米能级，也能促进电子和空穴的分离和传输[41, 141]。目前，针对 TiO_2-贵金属复合纳米材料的合成，文献已经报道了很多种合成方法，如共沉淀法[142]、化学试剂还原法[160]、光化学还原法[161]等。其中，光化学还原法采用紫外光照射条件使 TiO_2 产生电子便可以还原贵金属离子从而生成贵金属纳米颗粒，这一方法简单且高效，从而受到科研工作者的广泛关注。

然而，光化学还原法的弊端也是显而易见的。例如，在合成的过程中，反应速率取决于 TiO_2 纳米颗粒的光催化活性，且与反应中的紫外光强度正相关，所以光催化活性较弱的 TiO_2 纳米颗粒较难还原贵金属离子，而光催化活性较强的 TiO_2

纳米颗粒还原贵金属离子形成纳米颗粒的速度较快[162]，这对于控制贵金属纳米颗粒的形貌和粒径来说是一个较大的阻碍[40, 136, 161]。

所以，研究 TiO₂ 还原贵金属离子从而生成贵金属纳米颗粒的机理，无论对于基础理论的研究，还是对于纳米复合材料的实际应用都是非常必要的。在已有文献报道中，普遍的观点认为，在生成金属纳米颗粒的光化学还原反应中，反应速率主要取决于 TiO₂ 晶型[163]、结晶程度[164]、颗粒大小及 TiO₂ 表面的组成[144, 165]。然而在纳米尺度的范围，对于 TiO₂ 还原生成贵金属纳米颗粒的机理，由于缺乏合适的反应体系，使得光催化反应的速度难以控制，且缺乏实时的表征分析，所以目前机理尚不明确[162, 166]。

在本章中，用粒径均匀的锐钛矿相 TiO₂ 纳米棒作为光催化剂，混合 TiO₂ 纳米棒与 Au–油胺溶液，并对反应体系进行加热和紫外光照射处理，Au 纳米颗粒的合成速度能够被较好地调控；同时形成的 Au 纳米颗粒单独分散在溶液中，也避免了 TiO₂ 纳米棒光催化造成的熟化作用对 Au 纳米颗粒形貌的影响。通过实时监控吸收光谱，以及对反应一段时间的样品进行形貌表征的方法，对 Au 纳米颗粒的形成原因进行了分析。在整个光催化合成 Au 纳米颗粒的过程中，TiO₂ 始终为 Au 纳米颗粒的形成和生长提供了催化中心。这一结果可能对半导体光催化合成贵金属纳米颗粒，或是合成半导体–贵金属纳米复合材料有一定理论指导意义。

3.1 实验试剂及主要仪器和设备

3.1.1 实验试剂

实验中所用到的化学试剂见表 3–1。

表 3-1　实验用化学试剂

名　称	规　格	制　造　商
钛酸四丁酯	97%	Fluka 试剂公司
油胺	70%	Sigma-Aldrich 试剂公司
油酸	90%	Sigma-Aldrich 试剂公司
1-十六醇	99%	Sigma-Aldrich 试剂公司
三水合氯金酸	99%	Sigma-Aldrich 试剂公司
乙醇	99.8%	Fisher Scientific 试剂公司
甲苯	99.8%	Fisher Scientific 试剂公司
1-十八烯	>95%	Sigma-Aldrich 试剂公司

3.1.2　主要仪器和设备

在实验过程中所使用的主要仪器和设备包括：透射电子显微镜（Hitachi-7650型）、X 射线衍射仪（Bruker D8Advance 型）、吸收光谱仪（Ocean Optics HR2000CG-UV-NIR 型）。

3.2　光催化合成 Au 纳米颗粒

3.2.1　TiO₂ 纳米棒光催化合成 Au 纳米颗粒

TiO₂ 纳米棒的制备方法参考 2.3 节。TiO₂ 纳米棒光催化合成 Au 纳米颗粒的过程如下。首先配制金的储备溶液，在 0.25 mmol 的 $HAuCl_4 \cdot 3H_2O$ 中加入 1 mL 的油胺，磁力搅拌 1 h 形成橙黄色胶状物，之后加入 2 mL 的甲苯溶液，强烈搅拌 1 h 后形成黄色溶液。然后混合 1.5 mL 金的储备液和 500 μL TiO₂ 纳米棒（6 mg/mL），以及 1 mL 的甲苯。混合溶液用聚四氟乙烯材质的瓶盖密封，并通氮气 15 min 以除掉空气。之后将混合溶液放置在 60 ℃ 热台上，并用功率为 6 W 的紫外灯照射，样品距紫外灯约 10 cm。紫外光照射时长可以控制在 30～300 min。反应结束后，加入乙醇，离心红色溶液得到沉淀，并用甲苯和乙醇混合溶液洗涤沉淀 3 次。

3.2.2　8 nm Au 纳米颗粒的合成

首先配置金的储备溶液，混合 0.1 mmol HAuCl$_4$·3H$_2$O、1.5 mmol 油胺、5 mL 十八烯，并通入氮气 15 min，用以除去体系中的氧气。然后将 6 mmol 油酸、6 mmol 油胺和 20 mL 十八烯混合并置于 50 mL 的三口瓶中，加热并通氮气 20 min 后，将金的储备溶液注入混合溶液中。混合溶液迅速变为红色，说明金纳米颗粒生成。在 120 ℃ 下反应 30 min 后，冷却至室温。在混合溶液中加入 40 mL 异丙醇后，11 000 r/min 离心 3 min 得到沉淀。将得到的沉淀重新分散到甲苯溶液中并加入异丙醇，离心洗涤，反复三次，最后将沉淀分散于 15 mL 甲苯中，得到 8nm Au 纳米颗粒溶液（约 4 mg / mL）。

3.2.3　Au 纳米颗粒的生长

首先配制金的储备溶液，在 0.25 mmol 的 HAuCl$_4$·3H$_2$O 中加入 1 mL 的油胺，磁力搅拌 1 h 形成橙黄色胶状物，之后加入 2 mL 的甲苯溶液，强烈搅拌 1 h 后形成黄色溶液。然后将 500 μL 金的储备溶液、100 μL 8 nm Au 纳米颗粒混合，另外将 0.8 mmol 十六醇粉末、2 mL 甲苯混合，置于 7 mL 的玻璃瓶中。如需要研究 TiO$_2$ 纳米棒对 Au 纳米颗粒生长的影响，在该混合溶液中加入 500 μL TiO$_2$ 纳米棒溶液（6 mg/mL），并在对比混合溶液中加入 500 μL 甲苯。

在混合溶液中缓缓通入氮气 15 min，之后将混合溶液放置在 60 ℃ 热台上，并用功率为 6 W 的紫外灯照射，样品距紫外灯约 10 cm。紫外光照射时长可以控制在 30～300 min。反应结束后，加入乙醇，离心红色溶液得到沉淀，并用甲苯和乙醇混合溶液洗涤 3 次[167]。

3.2.4 Au – Fe$_3$O$_4$ 二聚体纳米颗粒的合成

首先配置金的储备溶液，将 0.1 mmol 的 HAuCl$_4$·3H$_2$O、1.5 mmol 的油胺和 5 mL 的 ODE（十八烯）混合并通入氮气 20 min，用以除掉氧气。然后将 6 mmol 油酸、6 mmol 油胺、10 mmol 1，2 – 十六二醇、20 mL 十八烯混合并置于 50 mL 的三口瓶中，加热至 120 ℃并通氮气 20 min 后，热注入 2 mmol Fe(CO)$_5$。反应 3 min 后，热注入金的储备溶液，可以看到混合溶液迅速变成黑红色，说明金纳米颗粒生成。升高温度至 310 ℃，并保持 45 min，反应结束后冷却至室温，在混合溶液中通入氧气，确保生成的纳米颗粒为 Fe$_3$O$_4$。最后用异丙醇和环己烷分散、沉淀样品，并离心洗涤沉淀三次。将沉淀分散于 10 mL 的甲苯中，并加入 0.05 mL 油胺，超声 2 min，使得材料具有更好的分散性[167 – 168]。

3.3 TiO$_2$纳米棒催化合成 Au 纳米颗粒的表征与机理分析

3.3.1 TiO$_2$纳米棒催化合成 Au 纳米颗粒的 TEM 表征

图 3 – 1 为 TiO$_2$纳米棒的 TEM 图像，从图中可以看出，TiO$_2$为 45 nm 长、3 nm 宽的棒状结构，粒径分布均匀。由于纳米棒表面配体为油酸分子，所以当其置于极性较弱的溶剂中时，具有很好的单分散性。

图 3 – 2 为 TiO$_2$纳米棒光催化合成 Au 纳米颗粒的混合溶液经过紫外光照射和 60 ℃加热 5 h 后的 TEM 图像。由于 Au 与 TiO$_2$相比具有较高的电子密度，在电子束的照射下，只允许少数电子穿过，所以从 TEM 图像中很容易区分 Au 纳米颗粒和 TiO$_2$纳米棒。从图 3 – 2 中可以看出，Au 纳米颗粒有较宽的粒径

 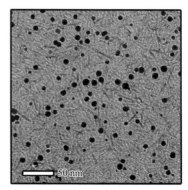

图 3−1　TiO₂ 纳米棒的 TEM 图像　　　图 3−2　TiO₂ 纳米棒光催光合成 Au 纳米
　　　　　　　　　　　　　　　　　　　　　　　颗粒混合溶液的 TEM 图像

分布（1～11 nm）。由于 TiO₂ 在紫外光照射下生成的电子具有还原作用，使得 Au^{3+}
在溶液中被还原生成 Au 纳米颗粒，同时持续的光照使得 Au 纳米颗粒在溶液
中生长，且粒径分布不均匀，图 3−3 为 TiO₂ 纳米棒催化合成 Au 纳米颗粒的
示意图。

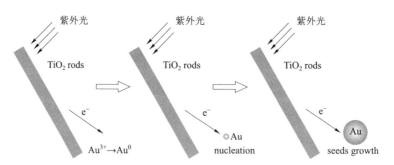

图 3−3　TiO₂ 纳米棒催化合成 Au 纳米颗粒的示意图

3.3.2　TiO₂ 纳米棒催化合成 Au 纳米颗粒的吸收光谱

　　一定量金的储备溶液和 TiO₂ 纳米棒混合溶液在紫外光照射和加热过程中不
同反应时间的吸收光谱如图 3−4 所示，从图中可以看出，在开始的 0～3 h，400 nm

处的 Au^{3+} 离子吸收峰强度随反应时间的延长而下降，说明溶液中的 Au^{3+} 逐渐被还原；3 h 之后，532 nm 处 Au 纳米颗粒的吸收峰强度逐渐增加，这说明金纳米颗粒的浓度和粒径均有所增加。

为了探究 Au 纳米颗粒的形成过程，首先需要了解在 Au 纳米颗粒的形成过程中，加热和紫外光照射是否为 Au 纳米颗粒形成的必要条件。课题小组通过对比三个平行实验来解决上述问题。首先，按比例混合一定量的 TiO₂ 纳米棒和金的储备溶液，并平均分成三份，放置于相同的玻璃瓶中，标记为（1）、（2）、（3）；然后，除空气 15 min，将（1）放在 60 ℃ 的热台上紫外光照射 5 h，将（2）在室温条件下紫外光照射 5 h，将（3）放在 60 ℃ 的热台上 5 h。在反应过程中，通过定时测量溶液 532 nm 处的吸收峰强度来表征金纳米颗粒在溶液中的形成情况。

三种反应条件下，不同反应时间溶液中的 Au 纳米颗粒的吸收峰强度（对应溶液吸收光谱中 532 nm 的吸收峰）如图 3－5 所示，可以看出反应条件中只有加热和只有紫外光照射的溶液中，没有生成金纳米颗粒；当混合溶液经过一定时间的加热和紫外光照射处理之后，形成了金纳米颗粒。由此可知，紫外光照射和加热对于 TiO₂ 光催化合成 Au 纳米颗粒是必需的。

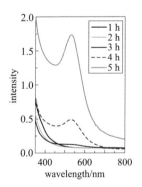
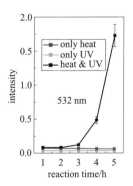

图 3－4 混合溶液在不同反应时间的吸收光谱   图 3－5 三种反应条件下，不同反应时间溶液中的 Au 纳米颗粒的吸收峰强度

这可能是因为：在紫外光照射作用下，TiO₂ 纳米棒可以产生电子和空穴，并在 TiO₂ 纳米棒表面解离，电子可以还原溶液中的 Au³⁺，进而形成 Au 纳米颗粒。同时，一定的温度可以给予 Au³⁺较高的能量，使之更接近发生还原反应的激活能，另外，高温可以加快反应速率，缩短 Au 纳米颗粒形成的时间。

通过对 Au 纳米颗粒没有附着在 TiO₂ 纳米棒上的原因加以分析，可能是因为在 TiO₂ 纳米棒上{001}面的表面能较高，所以 Au³⁺的还原反应首先在这个晶面上进行，得到的 Au 纳米颗粒应尽可能附着在这个晶面上，但是由于 TiO₂ 纳米棒是沿{001}面生长的，暴露的{001}面相对较少，所以造成了附着面较少，Au 纳米颗粒容易脱落。另外，Au 纳米颗粒在 TiO₂ 上形成之后，在洗涤过程中也容易脱落。Xing 等人用化学还原法将 Au 负载在 TiO₂ 上后，也发现了这一现象，如 Au 纳米颗粒负载在{110}和{101}面后，容易脱落[169]。

关于 Au 纳米颗粒形成的机理分析将在下面的章节中重点讨论。

3.3.3 醇对于 TiO₂ 还原 Au 纳米颗粒的影响

在前面的研究中可知，在 TiO₂ 纳米棒还原生成 Ag 纳米颗粒的反应中，十六醇作为空穴捕获剂加入体系中，可以有效减少电子和空穴的湮灭，提高二氧化钛光催化的效果[155−156, 170]。在用 TiO₂ 纳米棒还原生成 Au 纳米颗粒的反应中，课题小组也研究了十六醇的空穴捕获作用对于 Au 纳米颗粒生长的促进作用。

从图 3−6 中可知，当在体系中加入 0.5 mmol 的十六醇，紫外光照射 5 h 后，溶液中形成了较大的 Au 纳米颗粒。从粒径统计结果可以看出（如图 3−7 所示），体系中有十六醇时 Au 纳米颗粒的平均粒径为 10.3 nm，相比体系中没有十六醇的情况（平均粒径为 7.5 nm），Au 纳米颗粒的平均粒径有了明显的增大。

图 3−8 为反应体系中加入十六醇后，溶液在不同反应时间的吸收光谱。从图 3−8 中可以看出，在反应 3 h 之后，溶液的吸收光谱中出现 Au 纳米颗粒的吸收峰，且随着反应时间的延长，吸收峰的强度明显增加。图 3−9 为体系中有无十六

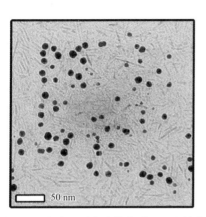

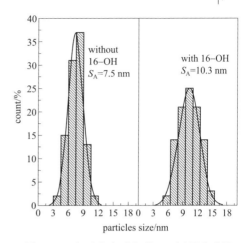

图 3-6　在十六醇存在的条件下，光催化
　　　　还原生成的 Au 纳米颗粒的 TEM 图像

图 3-7　有无十六醇条件下，还原生成的 Au
　　　　纳米颗粒的粒径统计

醇时，不同反应时间溶液在 532 nm 处的吸收峰强度，可以看出，当体系中存在十六醇时，从反应 3 h 以后，溶液在 532 nm 处的吸收峰强度大于没有十六醇的体系，也就是说，空穴捕获剂的加入，有效地捕获了二氧化钛光催化激发产生的空穴，增强了电子和空穴的分离，提高了 Au 纳米颗粒的生成速率。

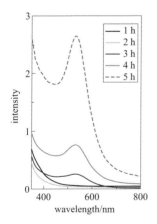

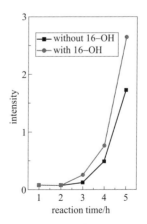

图 3-8　反应体系中加入十六醇后，溶液在
　　　　不同反应时间的吸收光谱

图 3-9　体系中有无十六醇时，不同反应
　　　　时间溶液在 532 nm 处的吸收峰强度

3.3.4　TiO₂ 纳米棒的量对光催化合成 Au 纳米颗粒的影响

为了明确 TiO₂ 纳米棒光催化合成 Au 纳米颗粒的机理，课题小组研究了 TiO₂ 纳米棒的量不同对光催化合成 Au 纳米颗粒的影响。图 3－10 为体系中 TiO₂ 纳米棒的量分别为 0.5 mg、2.4 mg、12 mg 时，混合溶液在不同反应时间的吸收光谱。

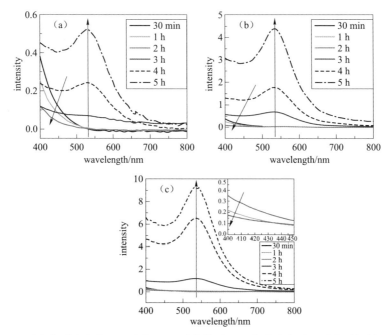

图 3－10　反应体系中含有不同量的 TiO₂ 纳米棒时，混合溶液在不同反应时间的吸收光谱

注：（a）为 0.5 mg；（b）为 2.4 mg；（c）为 12 mg

从图 3－10 中可以看出，体系中的 TiO₂ 纳米棒在三种不同量时，Au 纳米颗粒的形成经历了两个过程：（1）反应 30 min 到 2 h，溶液中 Au³⁺ 的浓度（对应 400 nm 处溶液的吸收峰）随反应时间的延长而下降，说明在这个阶段 Au³⁺ 被还原；（2）反应 3 h 以后，Au 纳米颗粒的吸收峰开始出现，并随着反应时间的延长，强度迅速增加。

如图 3－11 所示，从整个过程来看在开始的 0.5～2 h（第一阶段），Au³⁺ 被还原成 Au 的速度并没有随 TiO$_2$ 纳米棒的量增加而加快，也就是说，Au^{3+} 被还原与 TiO$_2$ 纳米棒的量是无关的。这可能是因为 Au^{3+} 在被还原成为 Au 的过程中，一方面需要 TiO$_2$ 纳米棒提供的电子，另一方面 Au^{3+} 的还原过程中需要较高温度，从而使 Au^{3+} 趋近于反应所需的激活能，从而更容易得到电子被还原成 Au。该过程同时也说明，在第一阶段，体系中 TiO$_2$ 纳米棒产生的电子对于 Au^{3+} 被还原成 Au 来说是过量的，所以从图 3-10 中体现出溶液中 Au^{3+} 吸收峰强度的下降与 TiO$_2$ 纳米棒的浓度无关，而更可能与温度有关。

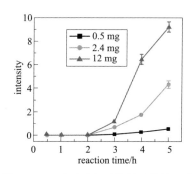

图 3-11 不同反应时长的吸收峰强度

当反应进行到 2～5 h（第二阶段）时，被还原生成的 Au 成核并开始生长，Au 纳米颗粒的粒径逐渐增大，从图 3-10 中可以看出，溶液中 Au 纳米颗粒的吸收峰随 TiO$_2$ 纳米棒浓度的提高而增大。这是因为 Au 纳米颗粒在成核时需要的能量较高，而在纳米颗粒生长过程中需要的能量较低。而当溶液中具有较高浓度的 TiO$_2$ 纳米棒时，在紫外光照射作用下还原 Au^{3+} 即可形成供纳米颗粒生长所需的 Au，所以在第二阶段，Au 纳米颗粒的生长体现出与体系中 TiO$_2$ 浓度的正相关。

整个过程可以用方程式写为[161, 171-172]：

$$TiO_2 + h\nu \rightarrow TiO_2(e^-, \ h^+) \tag{1}$$

$$TiO_2(e) + nAu^{3+} \xrightarrow{\triangle} TiO_2 + nAu \tag{2}$$

$$nAu \xrightarrow{TiO_2} Au_n \tag{3}$$

$$Au^{3+} + Au_n \xrightarrow{TiO_2(e)} Au_{n+1} \tag{4}$$

3.3.5 反应温度对 TiO₂ 纳米棒光催化合成 Au 纳米颗粒的影响

为了进一步了解 Au 纳米颗粒的形成机理，课题小组将体系反应温度提高至 65 ℃，并在此基础上研究了温度、紫外光照射对 Au 纳米颗粒形成的影响（如图 3-12 所示）。

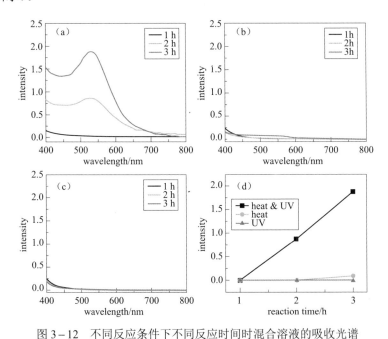

图 3-12 不同反应条件下不同反应时间时混合溶液的吸收光谱

注：（a）为在紫外光照射和 65 ℃加热条件下，（b）为在 65 ℃加热条件下，（c）为在紫外光照射下，

（d）为三种反应条件的等离激元特征峰强度随反应时间的变化。

从图 3-12（a）中可以看出，相比前面采用反应温度为 60 ℃时，当反应温度提高至 65 ℃时，体系中 Au 纳米颗粒的生成速度明显加快，且在反应时间为 2 h 时，即可在吸收光谱中观察到较为明显的 Au 纳米颗粒的吸收峰。而相比之下，当反应条件为 65 ℃加热或是紫外光照射时，在反应相同时间后，溶液中基本上没有 Au 纳米颗粒生成。

这一结果也证明，在第一阶段 Au³⁺被还原成 Au 的过程中，体系温度对 Au³⁺的还原和纳米颗粒的成核起主导作用，温度的升高可以大幅度缩短 Au³⁺的还原和 Au 纳米颗粒成核的时间。同时，当反应条件只有高温或紫外光照射时，Au³⁺由于没有电子的还原作用或没有达到反应所需的激活能，Au³⁺均不能够被还原，并在第二阶段中很难生成 Au 纳米颗粒。

比较当反应温度为 55 ℃时，体系在不同反应时间时的吸收光谱图，从图 3－13（a）中可以看出，在 55 ℃加热和紫外光照射的条件下，Au 纳米颗粒的生成速度较慢，大约从 4 h 以后才有较为明显的吸收峰出现；同时，从图 3－13（b）中可以看出相同体系在三种不同反应温度下的吸收峰强度：60 ℃的体系，Au 纳米颗粒在 3 h 之后生成；65 ℃的体系，Au 纳米颗粒在 2 h 后便明显地出现，等离激元特征峰较强。这说明当反应温度较高时，Au³⁺的还原及随后的 Au 纳米颗粒的生成速度较快。而当反应温度较低时，Au 纳米颗粒的生成速度明显要慢。

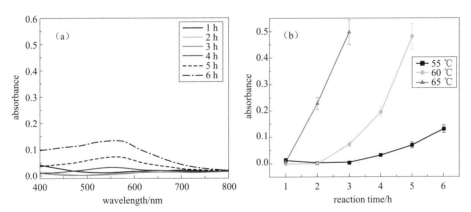

图 3－13　在不同反应时间时混合溶液的吸收光谱图

注：（a）为在紫外光照射和 55 ℃加热条件下；（b）为三个反应温度下，吸收峰强度随反应时间的变化

3.3.6　TiO₂ 纳米棒对 Au 纳米颗粒生长的影响

从 TiO₂ 纳米棒光催化合成 Au 纳米颗粒的整个过程来看，Au 纳米颗粒的形成主要经历了以下两个阶段。

（1）体系中没有籽晶时，Au^{3+} 被还原成 Au，并到达一定浓度。这一阶段，需要反应体系达到一定的反应温度，同时需要 TiO₂ 纳米棒在紫外光照射作用下产生电子的还原作用。其中，体系中反应温度的高低在本阶段起到主导作用，而 TiO₂ 纳米棒在紫外光照射作用下生成的电子是过量的。

（2）还原生成的 Au 积累并成核形成籽晶并生长，在这一阶段，Au 纳米颗粒的生长速度与 TiO₂ 纳米棒的浓度呈正相关，即当体系中存在较高浓度的 TiO₂ 纳米棒时，溶液中 Au 的等离激元特征峰较强。

为了研究 TiO₂ 纳米棒对 Au 纳米颗粒生长过程的影响，设计进行如下实验。

（1）合成粒径不均匀的 Au 纳米颗粒作为籽晶（粒径分布为 4～10 nm，平均粒径为 7.5 nm）。

（2）在籽晶溶液中加入金的储备液并将混合溶液平均分为两份放置于玻璃瓶中，在一份中加入分散于甲苯中的 TiO₂ 纳米棒溶液，在另一份中加入相同体积的甲苯溶液，将两份混合溶液放置于 60 ℃ 的热台上，紫外光照射，同时测量反应一段时间后溶液的吸收光谱和 Au 纳米颗粒的粒径分布情况。

从图 3-14 可以看出，当体系中不存在 TiO₂ 纳米棒时，反应 5 h 后，Au 纳米颗粒的平均粒径增长为 10.8 nm；而当体系中存在 TiO₂ 纳米棒时，在相同反应条件下，经过 5 h 后，Au 纳米颗粒的平均粒径增长为 15.0 nm，且具有较小的粒径分布。可见，TiO₂ 纳米棒对 Au 纳米颗粒的生长具有促进作用。

同时，实验测量了 Au 纳米颗粒在不同生长过程中的吸收光谱。从图 3-15 和图 3-16 可以看出，当体系中没有 TiO₂ 纳米棒时，Au 的吸收峰增长缓慢，当体系中存在 TiO₂ 纳米棒时，在相同条件下，吸收峰增强的速率明显加快。这说明，

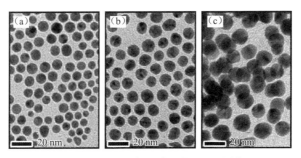

图 3－14 籽晶生长过程的 TEM 图像

注：（a）为籽晶；（b）为籽晶生长体系中不存在 TiO$_2$ 纳米棒的生长情况；

（c）为籽晶生长体系中有 TiO$_2$ 纳米棒的生长情况

TiO$_2$ 纳米棒光催化产生的电子可以有效还原溶液中的 Au^{3+}，从而促进 Au 纳米颗粒的生长。

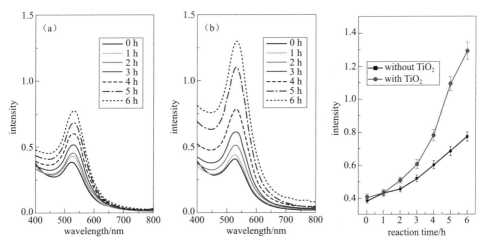

图 3－15 Au 纳米颗粒生长时溶液的吸收光谱

注：（a）为体系中不存在 TiO$_2$ 纳米棒；（b）为体系中存在 TiO$_2$ 纳米棒

图 3－16 两种反应条件下的吸收峰强度随反应时间的变化

3.3.7 TiO$_2$ 纳米棒催化 Au－Fe$_3$O$_4$ 二聚体纳米颗粒中 Au 纳米颗粒的生长

为了验证 TiO$_2$ 也能够使复合纳米颗粒中的 Au 纳米颗粒生长，实验选用了 Au－Fe$_3$O$_4$ 二聚体纳米颗粒中的 Au 纳米颗粒作为种子，加入金的储备溶液、TiO$_2$

纳米棒，并在紫外光照射和加热的条件下，进行 Au 纳米颗粒的生长。

图 3-17 为 Au-Fe$_3$O$_4$ 二聚体纳米颗粒的 TEM 图像，从图中可以看出，在二聚体中 Fe$_3$O$_4$ 平均粒径为 16 nm，而 Au 为 3 nm。由于 Au 与 Fe$_3$O$_4$ 相比具有较高的电子密度，在电子束的照射下，只允许少数电子穿过，所以从电子显微图像中很容易区分 Au 纳米颗粒和 Fe$_3$O$_4$ 纳米颗粒。另外，由于反应中有油酸和油胺作为配体，所以 Au-Fe$_3$O$_4$ 二聚体纳米颗粒在甲苯、环己烷等溶液中具有很好的单分散性。

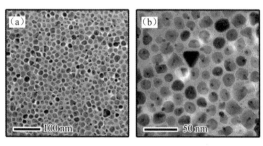

图 3-17　Au-Fe$_3$O$_4$ 二聚体纳米颗粒的 TEM 图像

注：（a）为低倍图像；（b）为高倍图像

在 Au-Fe$_3$O$_4$ 二聚体纳米颗粒溶液中加入 TiO$_2$ 纳米棒和金的储备溶液，并将混合溶液置于 60 ℃ 热台上，紫外光照射 5 h 后，Au-Fe$_3$O$_4$ 二聚体中的 Au 纳米颗粒发生了明显的长大，从图 3-18 中可以看出，Au-Fe$_3$O$_4$ 二聚体中 Au 纳米颗粒的

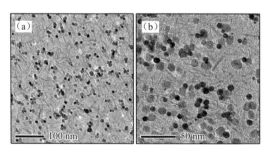

图 3-18　在 TiO$_2$ 纳米棒促进下，Au 纳米颗粒生长之后的 Au-Fe$_3$O$_4$ 二聚体纳米颗粒的 TEM 图像

注：（a）为低倍图像；（b）为高倍图像

平均粒径由生长前的 3 nm 长大到了 7 nm 左右。这说明，TiO_2 纳米棒对不同体系中的 Au 纳米颗粒的生长均具有促进作用。

3.3.8 TiO₂纳米棒还原其他金属纳米颗粒的探索

Huang 小组研究用 TiO_2 纳米球还原金离子、铂离子和银离子并制备纳米复合材料[173]，Yu 小组研究用 TiO_2 还原银离子、钯离子、金离子和铂离子并制备纳米复合材料[40]，实验结果表明，在水相中，贵金属离子可以直接溶解于水中，在相同反应条件下，TiO_2 均能对上述几种贵金属离子进行还原，并且产生纳米复合结构，同时，复合材料的颜色较二氧化钛的颜色有明显变化。

当在相同体系中，用 TiO_2 纳米棒还原钯离子和铂离子时，发现钯离子和铂离子与油胺的配位作用没有金离子和银离子的强，在溶液中加入甲苯后，产生大量沉淀。将储备溶液离心，取上层清液加入 TiO_2 分散溶液，光照还原一段时间后，从 TEM 图像中并没有看到明显的纳米颗粒产生，而相应的混合溶液的颜色也没有明显的变化。也就是说，在非水相体系中不能用 TiO_2 纳米棒的还原作用产生 Pd 和 Pt 的纳米颗粒。

3.4 本章小结

在 TiO_2 纳米棒光催化生成 Au 纳米颗粒的实验中：

（1）分析了醇对 TiO_2 纳米棒催化合成 Au 纳米颗粒的影响，证明了醇作为空穴捕获剂可以有效消除 TiO_2 纳米棒在紫外光照射作用下产生的空穴，减少电子空穴的复合，从而有效促进 Au 纳米颗粒的生长。

（2）通过研究 TiO_2 纳米棒的量对光催化合成 Au 纳米颗粒的影响，证实在 Au^{3+} 被还原成 Au 的过程中，体系的温度对 Au^{3+} 的还原和纳米颗粒的成核起主导作用；而在 Au 纳米颗粒成核与生长过程中，反应速度与 TiO_2 纳米棒的量正相关。

（3）证明了 TiO$_2$ 纳米棒在紫外光照射和加热作用下，可以有效促进 Au 纳米颗粒的生长，完善了二氧化钛光催化合成 Au 纳米颗粒的机理。同时，用这种方法在 Au－Fe$_3$O$_4$ 二聚体体系中实现了 Au 纳米颗粒的继续生长。

Y₂O₃: Er, Yb 纳米颗粒的
制备及其表征

　　随着纳米技术的进步，生物分析、诊断技术逐步向低采样量、高分析精度、低分析能耗的方向发展。而多组分分析技术作为一种能够从复杂组分中提取有效信息的分析方法，近些年来逐步成为研究的热点之一[174]。通过对多种可辨别的材料进行修饰，即可对被检测物中生物组分进行分析。可以说，多组分分析技术对材料提出了较高的要求，如需要这一系列的可辨别材料具有不同的发射波长[175]，或者制备多种颜色可分辨的微米球[176]。

　　然而，对于已知的材料体系来说，通常需要光激发，特别是蓝紫光或者是紫外光对材料进行激发，通过显微成像技术，从而实现材料的可辨别特性。然而，用蓝紫光或紫外光激发也带来许多缺点，如在生物成像中，在蓝紫光或紫外光的激发下，生物体内的小分子会有较强的自发光现象，从而造成很强的背景光，影响了探测的精度；另外，高能量的蓝紫光或紫外光会对生物活体造成比较大的损伤，给活体检测造成很大的难度。

上转换发光材料则可以通过吸收两个或者多个低能量的光子后，经过一系列的能量传递过程，辐射跃迁产生一个高能量的光子[177]。这种可以吸收不可见的低能量光子而辐射高能量光子的特性赋予上转换材料诸多优点，如对于生物体的探伤较低、不容易引起生物体的发光、高灵敏度，红外光对生物组织的穿透能力较强，能够对生物体进行无损检测[91-92]。另外，可以对上转换材料的发光颜色进行调控，满足了生物检测中多组分分析测试对材料的要求[129]。

随着纳米材料合成技术的发展和稀土能级理论的完善，对于调控上转换发光颜色的手段也日趋完备。目前主要的两种技术手段分别为：（1）掺杂离子的控制；（2）纳米材料的形貌和大小的控制[90-91]。这两种技术手段已经应用在许多上转换基质材料中，如 $NaYF_4$[115]、$LiYF_4$[178]、$LuPO_4$[179]、YVO_4[180]、ZrO_2[181]、Y_2O_3[103]、 Gd_2O_3[104] 等。

在上述多种上转换基质材料中，Y_2O_3 由于其优良的耐腐蚀性、热稳定性及低毒性成为研究热点之一[182]。许多基于 Y_2O_3 的颜色调控工作主要集中于掺杂离子的浓度控制和纳米颗粒粒径大小的调控。例如，Serra 等人系统地研究了纳米颗粒的大小、掺杂离子的浓度对于基质为 Y_2O_3 的上转换发光材料的发光效率和发光颜色的影响[183-184]。Capobianco 和 Song 的科研小组也证实了基质为 Y_2O_3 的上转换发光强度和红、绿发射光的颜色可以由纳米颗粒的粒径来调控[185-186]。同时还发现，通过控制掺杂离子的浓度（如 Er^{3+}、Tm^{3+} 和 Ho^{3+}），上转换发光的颜色可以从蓝色到红色进行调控[186-187]。

然而，通过调节材料的结晶性来控制发光材料发光颜色的工作至今还未得到很大的发展。研究材料的不同结晶性表现出的不同物理、化学性质，不仅对材料的基础研究很有帮助，而且对制备性质不同的功能材料有着技术的指导^[164,188]。

    在本章中，采用 Y_2O_3 作为基质材料，同时为了避免掺杂离子浓度过高而引起的交叉弛豫现象，将掺杂离子 Yb^{3+}、Er^{3+} 控制在较低的浓度（小于 1%）。通过调节引入和消除缺陷，来达到控制基质材料结晶性的目的。采用十六烷基三甲基溴化铵作为表面活性剂，在控制 Y_2O_3: Er, Yb 颗粒粒径的同时，作为缺陷引入剂对 Y_2O_3 的前驱体在材料表面和内部引入大量缺陷。在制备好前驱体之后，通过退火来消除缺陷。而改变退火温度，可以达到控制上转换基质材料缺陷的目的。

4.1　化学试剂和主要仪器及表征方法

4.1.1　化学试剂

    实验用化学试剂见表 4-1。

表 4-1　实验用化学试剂

名　称	规　格	制　造　商
六水硝酸钇	99.99%	国药集团化学试剂有限公司
五水硝酸铒	99.99%	山东清达精细化工有限公司
六水硝酸镱	99.99%	山东清达精细化工有限公司
十六烷基三甲基溴化铵	分析纯	国药集团化学试剂有限公司
尿素	分析纯	国药集团化学试剂有限公司

4.1.2　主要仪器

    在实验过程中所使用的主要仪器包括：X 射线衍射仪（Bruker D8 型）、热重及差示扫描量热同步测定仪（Q600SDT 型）、透射电子显微镜（Hitachi - 7650

型）、扫描电子显微镜（Hitachi S‒4800 型）、荧光光谱仪（Fluorolog‒3 型）。

4.1.3　表征方法

常用的表征方法如下。

1. 热重分析技术

样品在热环境中发生化学变化时可能伴随着质量的变化。热重分析（thermogravimetric analysis）是在不同的热条件（以恒定速度升温或等温条件下延长时间）下对样品的质量变化加以测量的动态技术。热重分析的结果用热重曲线或微分热重曲线表示[189]。

在实验中，使用 Q600SDT 型热重及差示扫描量热同步测定仪对样品进行热重分析，测试温度为 25 ～1 000 ℃。

2. X 射线能量色散谱分析方法

X 射线能量色散谱分析方法（energy dispersive X‒ray spectroscopy）是电子显微技术最基本的具有成分分析功能的方法，简称 EDS 或 EDX 方法。X 射线能量色散谱分析方法的工作原理为通过轰击材料的内层电子，使之跃迁至比费米能高的能级上，当电子轨道内出现的空位被外层轨道的电子填入时，作为多余能量释放出的就是特征 X 射线。由于各元素具有特定的特征 X 射线能量，当把它们展开成能谱时，根据能量的值就可以确定元素的种类，然后通过能谱的强度分析就可以确定元素的含量。

在实验中，使用 Hitachi S‒4800 型扫描电子显微镜和能谱仪对样品进行形貌分析，工作电压为 15 kV。

3. 上转换发光测试

在上转换发光测试实验中，使用 Fluorolog‒3 型荧光光谱仪在 980 nm 半导体

激光器的激发下，测量样品的上转换发光光谱
（如图 4–1 所示）。在测量过程中，使用 980 nm
的二极管激光器代替原有光谱仪中的氙灯，激
光输出功率为 0~1 W 连续可调。

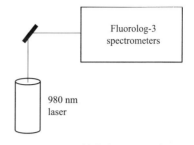

4.2 Y_2O_3: Er, Yb 纳米颗粒的制备

图 4–1 上转换发光测试系统

　　合成 Y_2O_3: Er, Yb 纳米颗粒的方法很多，主要有化学沉淀法[190–191]、微乳液
法[192]、水热/溶剂热合成法[193–194]、溶胶–凝胶法[195–196]等。在本实验中，课题
小组根据 Yan 报道的共沉淀法[197]，制备了 Er, Yb 共掺的 Y_2O_3 纳米颗粒。

　　合成 Er, Yb 共掺的 Y_2O_3 纳米颗粒的具体过程如下（以 Er 和 Yb 的掺杂量
为 1% 为例）：

　　（1）称取 4 mmol $Y(NO_3)_3\cdot 6H_2O$(99.99%)、0.04 mmol $Er(NO_3)_3\cdot 5H_2O$(99.99%)、
0.04 mmol $Yb(NO_3)_3\cdot 6H_2O$(99.99%)、4 mmol 十六烷基三甲基溴化铵（CTAB）和
80 mmol 尿素，溶解于 100 mL 去离子水中，室温搅拌 1 h 后，形成无色、透明的
澄清溶液。

　　（2）将溶液放置于 80 ℃ 的超声加热水浴锅中，在 400 r/min 的搅拌下，反应
2 h，形成白色乳浊液。

　　（3）将白色乳浊液离心并获得沉淀，用去离子水和乙醇溶液将沉淀各洗涤三
次，置于 80 ℃ 的烘箱中进行恒温干燥 12 h，得到白色粉末。

　　（4）将所得的白色粉末放入陶瓷坩埚，将陶瓷坩埚放入马弗炉中，然后升
温至 800 ℃，烧结 1 h，去掉表面活性剂，获得 Er, Yb 共掺的 Y_2O_3 纳米颗粒。

　　此外，需要比较不同退火温度，以及不同表面活性剂量对 Er, Yb 共掺的 Y_2O_3
纳米颗粒的影响，只需要在上述步骤（1）和步骤（4）中改变条件即可获得不同
样品（整个过程如图 4–2 所示）。

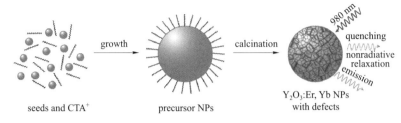

图 4-2 Y₂O₃: Er, Yb 纳米颗粒的形成过程

4.3 Y₂O₃: Er, Yb 纳米颗粒的结构表征和上转换发光性能的测试

本节通过共沉淀法制备 Y₂O₃: Er, Yb 纳米颗粒，其中 Y^{3+} 与 CTA^+ 的物质的量之比为 1:1；研究尺寸效应及缺陷对上转换发光性能的影响，在机理方面做出解释。

4.3.1 前驱体的表征

图 4-3 为退火前前驱体样品的 TEM 图像，从图中可以看出，样品有较好的单分散性，为纳米球状结构，粒径分布较窄，大约 70 nm。在前驱体的制备过程中，由于有了表面活性剂 CTAB 的作用，样品的形貌、粒径、单分散性等方面得到了很好的控制，无团聚现象发生。

图 4-4 为前驱体纳米颗粒的热重分析曲线，从图中可以看出，样品的质量损失主要存在于 [50 ℃，80 ℃]；在 [50 ℃，200 ℃] 的第一个质量损失区间（质量损失约为 12.4%），样品的质量损失主要来自于前驱体中水分子的脱附；而在 [200 ℃，850 ℃] 的第二个质量损失区间（质量损失约为 27.7%），样品的质量损失主要来自于前驱体中结晶水的分解和 CTAB 的热分解，以及在共沉淀反应中生成的钇盐络合物的分解，这一结果与文献报道结果相似[197]。

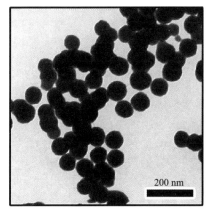

图 4-3 退火前前驱体样品的 TEM 图像

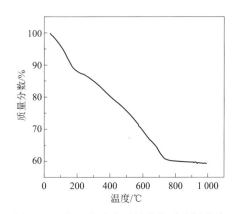

图 4-4 前驱体纳米颗粒的热重分析曲线

4.3.2 Y₂O₃: Er, Yb 纳米颗粒的形貌和结构的表征

图 4-5 为前驱体经 800 ℃ 退火 1 h 后的 X 射线衍射谱，从图中可以看出，退火后样品衍射峰能够和立方晶相的氧化钇标准卡片（JCPDS No. 41-1105）相应的衍射峰较好地对应，并且杂峰较少。这说明低浓度掺杂的 Yb³⁺ 和 Er³⁺ 并未影响基质材料 Y₂O₃ 的结构。

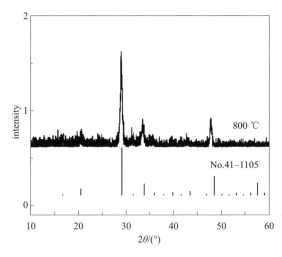

图 4-5 前驱体经 800 ℃ 退火 1 h 后的 X 射线衍射谱

图 4-6　前驱体经 800 ℃退火
1 h 后的扫描电镜图

图 4-6 为前驱体经 800 ℃退火 1 h 后的扫描电镜图,从图中可以看出,经过退火后,样品依旧能够保持球状结构。经粒径统计得出,退火后的样品平均粒径大约为 64 nm,较前驱体的粒径降低 5 nm 左右。造成这一现象的主要原因是前驱体中钇盐络合物分解,高温退火样品结晶后结构变得致密而造成体积收缩。

4.3.3　Y₂O₃: Er, Yb 上转换发光性质的表征

图 4-7 为 Y_2O_3: Er, Yb 纳米颗粒在 980 nm 半导体激光器激发下的上转换发光光谱,其中激活剂 Er^{3+} 和敏化剂 Yb^{3+} 均为低浓度掺杂,掺杂比例均为 1%。观察发现样品主要呈红色发光,发光肉眼可见,很明显这是一个上转换发光的过程;从光谱中可以看出,样品主要有两个发射带,分别是 520～570 nm 处的绿光发射带和 650～675 nm 处的红光发射带,对应 Er^{3+} 的两个从激发态到基态的跃迁:

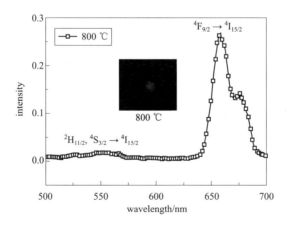

图 4-7　Y₂O₃: Er, Yb 纳米颗粒在 980 nm 半导体激光器激发下的上转换发光光谱

$^2H_{11/2}$, $^4S_{3/2} \rightarrow {}^4I_{15/2}$（绿光）和 $^4F_{9/2} \rightarrow {}^4I_{15/2}$（红光）[198]。具体的发光过程将结合稀土离子的能带结构进行分析。

4.3.4 Y₂O₃: Er, Yb 上转换发光机理的分析

图 4-8 为 Er^{3+} 和 Yb^{3+} 在 980 nm 光激发下的能级与上转换发光机制图。在 980nm 光激发下，结合能级图，对上转换发光的发光机制进行如下解释。

1. 激发过程

（1）单个 Er^{3+}。由于 980 nm 的激发能量与 Er^{3+} 的跃迁能量吻合，单个 Er^{3+} 在受到激发时，从 $^4I_{15/2}$ 能级吸收一个 980 nm 的光子跃迁至 $^4I_{11/2}$ 能级，这个过程叫作基态吸收（ground state absorption, GSA）过程。处在 $^4I_{11/2}$ 能级的 Er^{3+} 此时有两种跃迁方式：一种是继续吸收一个光子跃迁至 $^4F_{7/2}$ 能级，这个过程叫作激发态吸收（excited state absorption，ESA）过程；另一种是无辐射跃迁至 $^4I_{13/2}$ 能级，之后继续吸收一个光子跃迁至较高的 $^4F_{2/9}$ 能级（ESA 过程）[90, 92]。

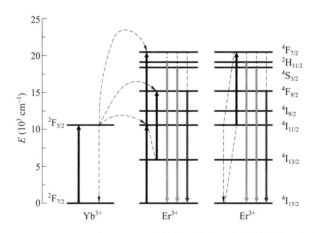

图 4-8 Er^{3+} 和 Yb^{3+} 在 980 nm 光激发下的能级与上转换发光机制图

（2）两个 Er^{3+} 的交叉弛豫上转换过程。当 Er^{3+} 吸收一个光子能量跃迁至 $^4I_{11/2}$

能级之后，处在这一能级的 Er^{3+} 返回基态，将能量传递给附近的另一个同样处在 $^4I_{11/2}$ 能级上的 Er^{3+}，使其跃迁至 $^4F_{7/2}$ 能级。

（3）激活剂 Yb^{3+} 的能量传递作用（energy transfer，ET）。由于在 980 nm 附近，Yb^{3+} 的吸收截面较 Er^{3+} 的大很多，所以当体系中引入 Yb^{3+} 时，由 Yb^{3+} 吸收能量传递给 Er^{3+} 的能量传递过程成为主要的能量上转换过程。当体系中引入 Yb^{3+} 后，其将能量传递给 Er^{3+} 的能量上转换过程主要有以下 3 个：① 处在 $^2F_{7/2}$ 能级的 Yb^{3+} 吸收一个光子跃迁至较高能级 $^2F_{5/2}$（ESA 过程），随后发生能量传递过程，将能量传递给处于基态能级 $^4I_{15/2}$ 的 Er^{3+}，使其跃迁至 $^4I_{11/2}$ 能级，而处在高能级的 Yb^{3+} 返回基态；② 处在 $^2F_{7/2}$ 能级的 Yb^{3+} 吸收一个光子跃迁至较高能级 $^2F_{5/2}$，随后发生能量传递过程，将能量传递给处在激发态能级 $^4I_{11/2}$ 的 Er^{3+}，使其跃迁至 $^4F_{7/2}$ 能级，而处在高能级的 Yb^{3+} 返回基态；③ 处在 $^2F_{7/2}$ 能级的 Yb^{3+} 吸收一个光子跃迁至较高能级 $^2F_{5/2}$，随后发生能量传递过程，将能量传递给处在激发态能级 $^4I_{13/2}$ 的 Er^{3+}，使其跃迁至 $^4F_{9/2}$ 能级，而处在高能级的 Yb^{3+} 返回基态。

在体系 Y$_2$O$_3$: Er, Yb 的激发过程中，由于敏化剂 Yb^{3+} 的参与，过程①和②对上转换发光的激发过程较过程③来说贡献较小。而激发过程在 Yb^{3+} 的敏化作用下，Er^{3+} 的受激发概率明显提高。

2. 发光过程

处在高能级 $^2F_{7/2}$ 的 Er^{3+} 分别无辐射跃迁至 $^4S_{3/2}$/$^2H_{11/2}$、$^4F_{9/2}$ 能级后，处在 $^4S_{3/2}$/$^2H_{11/2}$ 能级的 Er^{3+} 向基态跃迁，发射绿光；而处在较低能级 $^4F_{9/2}$ 的 Er^{3+} 向基态跃迁，发射红光。

然而，由于在该体系的基质材料中引入了较多的表面活性剂，材料退火后这些表面活性剂在基质材料的表面和内部形成缺陷，使得处在高能级（$^2H_{11/2}$、$^4S_{3/2}$）的 Er^{3+} 一方面向基态能级的无辐射跃迁明显增强，造成发光强度的减弱，另一方面向较低能级（$^4F_{9/2}$）的弛豫过程增加，使得在发光过程中，可以看到绿光发射减弱，而红光发射增强。整体看来，材料发红光。

4.4 退火温度对 Y₂O₃: Er, Yb 纳米颗粒的影响

在本节中，采用 Y^{3+} 与 CTA^+ 的物质的量之比为 1:1 制备出前驱体纳米颗粒。经过不同的退火温度后，通过各种表征手段（如 TEM），结合光谱分析，来分析表面活性剂对纳米颗粒粒径和形貌的控制，以及对发光过程的影响。

4.4.1 退火温度对 Y₂O₃: Er, Yb 纳米颗粒的形貌和结构的影响

采用 Y^{3+} 与 CTA^+ 的物质的量之比为 1:1 制备出的前驱体纳米颗粒，经过不同的退火温度（800 ℃、1 000 ℃和1 200 ℃）退火 1 h 后，样品的 X 射线衍射图如图 4-9 所示。从图 4-9 中可以看出，三种样品具有较为明显的衍射峰，其中1 000 ℃和 1 200 ℃退火后的样品所有衍射峰都能和立方相的三氧化二钇标准卡片（JCPDS

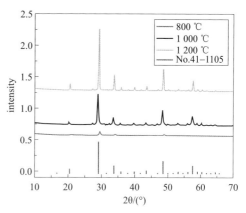

图 4-9　样品经过不同温度（800 ℃, 1 000 ℃和 1 200 ℃）退火 1 h 后的 X 射线衍射图

No. 41-1105）较好地对应，800 ℃退火后的样品的结晶性较差，但是其主要衍射峰也能够与立方相的氧化钇标准卡片对应。

从图 4-9 中可以看出，将退火温度从 800 ℃提高到 1 200 ℃，样品的衍射峰强度明显提高，这说明提高退火温度可以改善结晶性。同时，由于 Yb^{3+} 和 Er^{3+} 为低浓度掺杂，掺杂离子并未对基质材料的晶相产生影响。

图 4-10 为前驱体经过不同温度退火 1 h 后的 SEM 图像，从图中可以看出，当退火温度（800 ℃）较低时，生成的 Y_2O_3: Er, Yb 纳米颗粒为球型，粒径为 64 nm，样品容易分散于水中，具有较好的单分散性；提高退火温度至 1 000 ℃时，Y_2O_3: Er, Yb 纳米颗粒的球状结构被部分破坏，单分散性变差，同时有团聚生成；继续提高退火温度至 1 200 ℃时，Y_2O_3: Er, Yb 纳米颗粒的球状结构消失，同时大量无规则的块状结构生成，粒径大小接近微米量级。从提升温度过程中样品的形貌变化来看，较低退火温度对纳米结构的维持是有帮助的，而过高的退火温度，消除了由表面活性剂造成的缺陷，提高了结晶性的同时，破坏了纳米球状结构。从 X 射线能谱分析来看，样品主要由四种元素组成，分别是 Y、O、Er 和 Yb，其中掺杂离子 Er^{3+} 和 Yb^{3+} 的含量均在 1% 左右，属于低浓度掺杂。

图 4-10　前驱体经过不同温度退火 1 h 后的 SEM 图像

注：(a) 800 ℃；(b) 1 000 ℃；(c) 1 200 ℃；(d) 800 ℃

4.4.2　退火温度对 Y_2O_3: Er, Yb 纳米颗粒上转换发光的影响

图 4-11 为前驱体经过不同温度（800 ℃、1 000 ℃和 1 200 ℃）退火后的上转换发光光谱图，在 980 nm 的半导体激光器激发下，样品有两个明显的发射带，

分别是 520～570 nm 处的绿光发射带和 650～675 nm 处的红光发射带，分别对应了 $^2H_{11/2}$，$^4S_{3/2} \rightarrow {}^4I_{15/2}$ 的跃迁和 $^4F_{9/2} \rightarrow {}^4I_{15/2}$ 的跃迁。将退火温度从 800 ℃ 提高到 1 200 ℃，样品的发光强度有了明显的提高。同时从实际发光情况来看，在相同功率的 980 nm 激光器激发下，肉眼观察样品的发光颜色有明显变化，从红色（800 ℃）到橘黄色（1 000 ℃）到绿色（1 200 ℃），在 CIE（国际发光照明委员会）色度图中对应的坐标从（0.53，0.42）变化到（0.52，0.43），最终变化到（0.44，0.53）。造成样品发光颜色变化的主要原因是红绿光发射的强度积分比（$R_{red/green}$）的降低，从归一化后的发射光谱结合来看，退火温度从 800 ℃ 提高到 1 200 ℃ 后，$R_{red/green}$ 从 16.7 降低到 4.2。

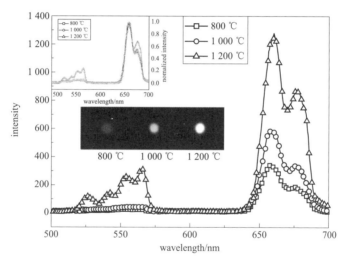

图 4-11　前驱体经过不同温度（800 ℃，1 000 ℃和 1 200 ℃）退火后的上转换发光光谱图
注：插图为三个样品归一化后的上转换光谱和样品在 980nm 激发下的实际发光情况

根据 Er^{3+} 的能级结构，结合基质的结晶性变化可以对上述颜色的调控进行机理方面的解释。在前面章节中已经对上转换发光的动力学原理进行了解释；在 980 nm 激发光激发下，Er^{3+} 通过激发态吸收、能量传递等过程跃迁到高能级，或是受激发的 Yb^{3+} 通过能量传递将 Er^{3+} 激发到高能级，而由于基质材料结晶性较差，缺陷较多，使得处在高能级（$^2H_{11/2}$，$^4S_{3/2}$）的 Er^{3+} 向较低能级（$^4F_{9/2}$）的弛豫过程

增加，所以在发光过程中红光发射较明显。提高退火温度，伴随着基质材料结晶性的增强，由于表面活性剂而引入的缺陷明显较少，使得处在高能级 $^2F_{7/2}$ 的 Er^{3+} 分别无辐射跃迁至 $^4S_{3/2}/^2H_{11/2}$，$^4F_{9/2}$ 能级后，处在 $^4S_{3/2}/^2H_{11/2}$，$^4F_{9/2}$ 能级的 Er^{3+} 向基态跃迁的概率增加，无辐射跃迁概率降低，红光和绿光的发射增强。另外，由于基质材料的缺陷减少，使 Er^{3+} 从 $^4S_{3/2}/^2H_{11/2}$（绿光）能级向 $^4F_{9/2}$（红光）能级跃迁的概率降低，所以绿光的发射相应增强。

4.5　表面活性剂对 Y_2O_3: Er, Yb 纳米颗粒的影响

将上转换纳米材料应用在生物标记或生物诊断分析技术中，上转换材料必须满足以下几个条件：（1）材料尺寸合适，粒径均匀；（2）较高的上转换效率；（3）生物兼容性和较好的分散性；（4）低生物毒性。随着近些年来合成手段的发展，针对调节纳米颗粒的尺寸、形貌、化学组成、表面修饰及光学性质等方面，都有了长足的进步[115, 199 - 200]。

然而，为了保证生物探测的高精度和准确性，优化发光效率和纳米材料粒径对于应用仍然是一个较大的挑战，如 Capobianco 和 Liu 的研究小组发现，制备核壳结构的纳米颗粒可以减少上转换发光材料的表面缺陷[84, 111 - 112]。另外，为了使纳米颗粒的粒径得到很好的控制，配体和表面活性剂已经在上转换纳米材料的合成中广泛应用[201]，如十六烷基三甲基溴化铵（CTAB）、聚乙烯吡咯烷酮（PVP）、油酸、油胺等。但是在使用配体或者表面活性剂的过程中，很容易在材料的表面和内部引入较多的缺陷，进而造成无辐射跃迁，降低了发光效率[202]。所以，表面活性剂和上转换发光关系的研究对于了解材料的尺寸效应和提高上转换发光效率是非常必要的。

在本节中，将改变表面活性剂十六烷基三甲基溴化铵的量，通过各种表征手段（如 TEM），结合光谱分析来分析表面活性剂对纳米颗粒粒径和形貌的控制，

以及对发光过程的影响。制备得到的三个样品，CTAB 的量分别为：0.6 mmol、0.8 mmol、2.0 mmol。

4.5.1　表面活性剂对 Y_2O_3: Er, Yb 纳米颗粒形貌和结构的影响

不同量的 CTAB 制备的前驱体样品的 TEM 图像如图 4－12 所示，从图中可以看出，当 CTAB 量较少时（0.6 mmol），样品出现较多的球状团聚且分散性较差；增加 CTAB 的量为 0.8 mmol 时，样品的分散性得到了明显的改善，样品的平均粒径大约为 100 nm；继续增加 CTAB 的量至 2.0 mmol 时，样品依然具有较好的单分散性，并且样品的粒径得到了明显的控制，大约为 75 nm。显而易见的是，在控制上转换粒径和增强样品单分散性方面，表面活性剂 CTAB 起到了重要的作用。

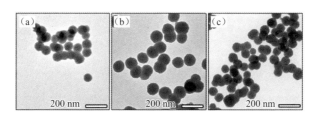

图 4－12　不同量的 CTAB 制备的前驱体样品的 TEM 图像

注：（a）0.6 mmol；（b）0.8 mmol；（c）2.0 mmol

图 4－13 为采用不同量的 CATB，前驱体纳米颗粒经过 800 ℃退火 1 h 后的 X 射线衍射图，从图中可以看出，三个样品具有明显的衍射峰，并且所有衍射峰都能和立方相的三氧化二钇标准卡片（JCPDS No. 41－1105）较好地对应。增加表面活性剂 CATB 的量，一是衍射峰的强度明显下降，说明样品的结晶性变差；二是（222）面等晶面出现半峰宽宽化的现象，这说明晶粒尺寸减小。通过谢乐公式计算也进一步证实了这一点，三个样品的晶粒尺寸分别为 16.5 nm（0.6 mmol）、15.3 nm（0.8 mmol）和 14.7 nm（2.0 mmol）。

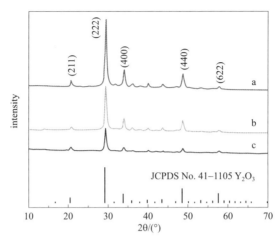

图 4-13　前驱体纳米颗粒经过 800 ℃退火 1 h 后的 X 射线衍射图

注：(a) 0.6 mmol；(b) 0.8 mmol；(c) 2.0 mmol

图 4-14 为不同量的表面活性剂合成的前驱体纳米颗粒经过 800 ℃退火 1 h 后的扫描电子显微镜照片和 EDS（energy dispersive spectrometer）能谱。由图 4-14（a）～图 4-14（c）可以看出，三个样品均保持了纳米球状结构。当 CTAB 的量为 0.6mmol 时，样品的均匀性较差，粒径控制较差，有较为明显的粘连性；增加

图 4-14　不同量的表面活性剂合成的前驱体纳米颗粒经过 800 ℃
退火 1 h 后的扫描电子显微镜照片和 EDS 能谱

注：(a) 0.6 mmol；(b) 0.8 mmol；(c) 2.0 mmol

CTAB 的量至 0.8 mmol 时，样品的均匀性得到了一定程度的改善，平均粒径为
100 nm；继续增加 CTAB 的量至 2.0 mmol 时，样品的均匀性有了明显的提高，而
且粒径得到了较好的控制，平均粒径为 67 nm。结合透射电子显微照片的表征，
退火后的样品较退火前的样品尺寸有所减小，可能是由于表面活性剂在高温作用
下被除掉造成的样品收缩引起的。由图 4-14（d）～图 4-14（f）的 EDS 能谱可
以看出，三个样品的 Er^{3+} 和 Yb^{3+} 掺杂的物质的量浓度均为 1% 左右，属于低掺杂。

4.5.2   表面活性剂对 Y$_2$O$_3$: Er, Yb 纳米颗粒上转换发光的影响

改变表面活性剂 CTAB 的量，得到前驱体并退火后，在 980 nm 激光光源激
发下，得到了三个样品的上转换发光光谱（如图 4-15 所示）。从图 4-15 中可以看
出，三个样品主要以红色发光为主，都是在 520～570 nm 和 650～675 nm 处有两个
明显的发射带。由图 4-15（a）和图 4-15（c）中可以看出，当表面活性剂 CTAB 的

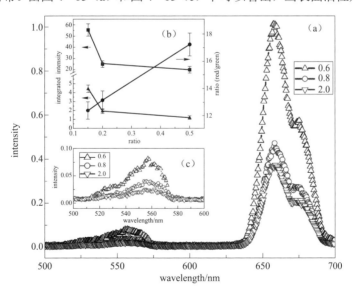

图 4-15   三个样品的上转换发光光谱

注：（a）为三个样品的上转换发光光谱；（b）为红光、绿光的强度变化
（横坐标为 CTA$^+$ 与 Y^{3+} 比值）的关系；（c）为图（a）的局部放大图

量增加时，红光和绿光的发射强度都有了明显的下降。其中，红光发射的积分强度从 55.5 下降到 20.1，绿光发射的积分强度从 4.5 下降到 1.2。按照前面章节的分析，由于表面活性剂 CTAB 会对基质材料的表面和内部引入缺陷，所以造成了较强的从高能级向基态的无辐射跃迁。

同时，另外一个现象也不可忽略，在红绿光发射强度都有很大下降的同时，红光和绿光的相对强度（$R_{red/green}$）在增加，从 12.4 增加到 17.2。而造成这一现象的原因是，缺陷的增加引入了较多轻原子团（如 $-OH$，振动模为 3 200～3 600 cm^{-1}），较强的局域振动模使得处在高能级（$^2H_{11/2}$，$^4S_{3/2}$）的 Er^{3+} 向较低能级（$^4F_{9/2}$）的弛豫过程增加，使得在发光过程中，可以看到绿光发射减弱，而红光发射明显增强。

4.6　本章小结

（1）采用共沉淀和热退火的方法制备出具有立方晶相的 Y₂O₃: Er, Yb 上转换纳米颗粒。Y₂O₃: Er, Yb 的纳米颗粒为球状，粒径可以在 75～100 nm 得到很好的控制，而且单分散性良好。

（2）在制备前驱体过程中使用了高浓度的表面活性剂（CTAB），退火后，在材料的表面和内部形成了较多的缺陷。在 980 nm 二极管激光器激发下，样品在 650～675 nm（$^4F_{9/2} \rightarrow ^4I_{15/2}$）区红光发射较强。

（3）对相同前驱体热退火处理发现，随着退火温度的升高，材料的结晶性有了明显的改善，同时团聚增加，纳米球状结构被破坏。从上转换发光光谱上分析，由于材料结晶性的提升和缺陷的减少，处在 $^4S_{3/2}$ / $^2H_{11/2}$，$^4F_{9/2}$ 能级的电子向基态跃迁的概率增加，无辐射跃迁概率降低，红光和绿光的发射增强。另外，由于基质材料的缺陷减少，使电子从 $^4S_{3/2}$ / $^2H_{11/2}$（绿光）能级向 $^4F_{9/2}$（红光）能级跃迁的概率降低，所以，绿光的发射相应增强。

（4）随着表面活性剂量的增加，材料的结晶性变差，但是样品的粒径和单分散性得到了明显的改善。从上转换发光光谱上分析，随着表面活性剂的量和缺陷的增加引入了较多轻原子团（如—OH，振动模 3 200～3 600 cm^{-1}），较强的局域振动模造成了红光和绿光的发射强度都有了明显的下降，同时，使得处在高能级（^{2}H$_{11/2}$，^{4}S$_{3/2}$）的 Er^{3+} 向较低能级（^{4}F$_{9/2}$）的弛豫过程增加，使得在发光过程中，可以看到绿光相对强度减弱，而红光相对强度明显增强。

结　　论

本书围绕 TiO_2 和 Y_2O_3 纳米材料的合成工艺和光电性质展开研究。

通过本研究得到了以下结论。

（1）TiO_2 纳米棒的长度和直径可以通过高温抽提溶剂法达到很好的控制：当体系中低沸点溶剂量较多时，沿{001}面的生长容易被打断，从而形成短且粗的纳米棒；当体系中低沸点溶剂量较少时，可以使得纳米棒沿{001}面较好地生长而形成细且长的纳米棒。

（2）在 $Ag-TiO_2$ 复合纳米材料的形成过程中，通过紫外光照促进的熟化作用可以使银纳米颗粒的粒径随着紫外光照时间的变化而得到精确的控制，同时形成 $Ag-TiO_2$ 的"一对一"结构。反应体系中，醇作为空穴捕获剂可以有效消除 TiO_2 纳米棒在紫外光照作用下产生的空穴，减少电子空穴的复合，可以有效促进银纳米颗粒的生长。将 $Ag-TiO_2$ 复合纳米棒作为电子传输层应用于反型薄膜太阳能电池中，证明 Ag 的引入能够增强对电子的收集作用。

（3）TiO_2 纳米棒光催化合成 Au 纳米颗粒的机理：Au^{3+} 被还原成 Au 的过程

中，体系的温度对 Au^{3+} 的还原起主导作用；Au 纳米颗粒生长速度与 TiO_2 纳米棒光激发产生电子的量正相关；同时，空穴捕获剂的引入，增强了 Au 纳米颗粒的生成速度。

（4）采用共沉淀和热退火的方法制备出具有立方晶相的 Y_2O_3: Er, Yb 上转换纳米颗粒。当表面活性剂浓度较高时，会在材料的表面和内部引入较多的缺陷。缺陷的增加导致了高能级向基态的无辐射跃迁和向低能级弛豫过程概率的增加，红绿光强度比有所提升。而通过提高退火温度，材料结晶性改善明显，缺陷的减少使无辐射跃迁概率降低，且从 $^4S_{3/2}/^2H_{11/2}$（绿光）能级向 $^4F_{9/2}$（红光）能级弛豫过程减少，实现了发光颜色从红光到绿光的调控。

参 考 文 献

[1] FUJISHIMA A, HONDA K. Electrochemical photolysis of water at a semiconductor electrode [J]. Nature, 1972, 238: 37 – 38.

[2] LIU Y, CLAUS R O. Blue light emitting nanosized TiO_2 colloids [J]. Journal of the American Chemical Society, 1997, 119 (22): 5273 – 5274.

[3] ZHANG S, WEI S H, ZUNGER A. Intrinsic n-type versus p-type doping asymmetry and the defect physics of ZnO [J]. Physical Review B, 2001, 63 (7).

[4] JIANG Y, MENG X M, LIU J, et al. ZnS nanowires with wurtzite polytype modulated structure [J]. Advanced Materials, 2003, 15 (14): 1195 – 1198.

[5] PUDDU V, MOKAYA R, PUMA G L. Novel one step hydrothermal synthesis of TiO_2/WO_3 nanocomposites with enhanced photocatalytic activity [J]. Chemical Communications, 2007, 45: 4749 – 4751.

[6] ZHANG J, DOUTT D, MERZ T, et al. Depth-resolved subsurface defects in chemically etched $SrTiO_3$ [J]. Applied Physics Letters, 2009, 94 (9).

[7] ASHOKKUMAR M. An overview on semiconductor particulate systems for photoproduction of hydrogen [J]. International Journal of Hydrogen Energy, 1998, 23 (6): 427 – 438.

[8] HANAOR D A, SORRELL C C. Review of the anatase to rutile phase transformation [J]. Journal of Materials Science, 2011, 46 (4): 855 – 874.

[9] JOSHI K, SHRIVASTAVA V. Photocatalytic degradation of Chromium (VI) from

wastewater using nanomaterials like TiO_2, ZnO, CdS [J]. Applied Nanoscience, 2011, 1 (3): 147 – 155.

［10］郭刚，杨定明，熊玉竹，等. 纳米 TiO_2 和纳米 ZnO 的紫外光学特性及其在聚丙烯抗老化改性中的应用研究［J］. 功能材料，2004，35（1）：183 – 187.

［11］LI X D, HAN X J, WANG W Y, et al. Synthesis, characterization and photocatalytic activity of Nb-doped TiO_2 nanoparticles [J]. Advanced Materials Research, 2012, 455: 110 – 114.

［12］ZHANG Q, JOO J B, LU Z, et al. Self-assembly and photocatalysis of mesoporous TiO_2 nanocrystal clusters [J]. Nano Research, 2011, 4 (1): 103 – 114.

［13］MO S D, CHING W. Electronic and optical properties of three phases of titanium dioxide: rutile, anatase, and brookite [J]. Physical Review B, 1995, 51 (19).

［14］REYES-CORONADO D, RODRIGUEZ-GATTORNO G, ESPINOSA-PESQUEIRA M, et al. Phase-pure TiO_2 nanoparticles: anatase, brookite and rutile [J]. Nanotechnology, 2008, 19 (14).

［15］LI J G, ISHIGAKI T, SUN X. Anatase, brookite and rutile nanocrystals via redox reactions under mild hydrothermal conditions: phase-selective synthesis and physicochemical properties [J]. The Journal of Physical Chemistry C, 2007, 111 (13): 4969 – 4976.

［16］ROBERT J, HUBERTÁMUTIN P. Preparation of anatase, brookite and rutile at low temperature by non-hydrolytic sol-gel methods [J]. Journal of Materials Chemistry, 1996, 6 (12): 1925 – 1932.

［17］HOFFMANN M R, MARTIN S T, CHOI W, et al. Environmental applications of semiconductor photocatalysis [J]. Chemical Reviews, 1995, 95 (1): 69 – 96.

［18］ZHANG Z, YATES JR J T. Band bending in semiconductors: chemical and physical consequences at surfaces and interfaces [J]. Chemical Reviews, 2012,

112 (10): 5520 – 5551.

[19] ADHIKARY P, VENKATESAN S, MAHARJAN P P, et al. Enhanced Performance of PDPP3T/PC60BM Solar Cells Using High Boiling Solvent and UV-Ozone Treatment. Electron Devices, IEEE Transactions on, 2013, 60 (5): 1763 – 1768.

[20] WEN C Z, JIANG H B, QIAO S Z, et al. Synthesis of high-reactive facets dominated anatase TiO_2 [J]. Journal of Materials Chemistry, 2011, 21 (20): 7052 – 7061.

[21] YANG H G, SUN C H, QIAO S Z, et al. Anatase TiO_2 single crystals with a large percentage of reactive facets [J]. Nature, 2008, 453 (5): 638 – 641.

[22] JOO J B, DAHL M, LI N, et al. Tailored synthesis of mesoporous TiO_2 hollow nanostructures for catalytic applications [J]. Energy & Environmental Science, 2013, 6 (7): 2082 – 2092.

[23] CHEN X, MAO S S. Titanium dioxide nanomaterials: synthesis, properties, modifications, and applications [J]. Chemical Reviews, 2007, 107 (7): 2891 – 2959.

[24] HOCHBAUM A I, YANG P. Semiconductor Nanowires for Energy Conversion [J]. Chemical Reviews, 2009, 110 (1): 527 – 546.

[25] LÜ X, MOU X, WU J, et al. Improved-performance dye-sensitized solar cells using nb-doped TiO_2 electrodes: efficient electron injection and transfer [J]. Advanced Functional Materials, 2010, 20 (3): 509 – 515.

[26] LINSEBIGLER A L. Lu G, YATES J T. Photocatalysis on TiO_2 surfaces: principles, mechanisms and selected results [J]. Chemical Reviews, 1995, 95 (3): 735 – 758.

[27] CHEMSEDDINE A, MORITZ T. Nanostructuring titania: control over nanocrystal structure, size, shape and organization [J]. European Journal of

Inorganic Chemistry, 1999 (2): 235 – 245.

[28] LIU S, GAN L, LIU L, et al. Synthesis of single-crystalline TiO_2 nanotubes [J]. Chemistry of Materials, 2002, 14 (3): 1391 – 1397.

[29] COZZOLI P D, KORNOWSKI A, WELLER H. Low-temperature synthesis of soluble and processable organic-capped anatase TiO_2 nanorods [J]. Journal of the American Chemical Society, 2003, 125 (47): 14539 – 14548.

[30] TRENTLER T J, DENLER T E, BERTONE J F, et al. Synthesis of TiO_2 nanocrystals by nonhydrolytic solution-based reactions [J]. Journal of the American Chemical Society, 1999, 121 (7): 1613 – 1614.

[31] JUN Y W, CASULA M F, SIM J H, et al. Surfactant-assisted elimination of a high energy facet as a means of controlling the shapes of TiO_2 nanocrystals [J]. Journal of the American Chemical Society, 2003, 125 (11): 15981 – 15985.

[32] ZHANG Q, GAO L. Preparation of oxide nanocrystals with tunable morphologies by the moderate hydrothermal method: insights from rutile TiO_2 [J]. Langmuir, 2003, 19 (3): 967 – 971.

[33] LI X L, PENG Q, YI J X, et al. Near monodisperse TiO_2 nanoparticles and nanorods [J]. Chemistry-A European Journal, 2006, 12 (8): 2383 – 2391.

[34] KIM C S, MOON B K, PARK J H, et al. Synthesis of nanocrystalline TiO_2 in toluene by a solvothermal route [J]. Journal of Crystal Growth, 2003, 254 (3 – 4): 405 – 410.

[35] ZHANG R, ELZATAHRY A A, AL-DEYAB S S, et al. Mesoporous titania: From synthesis to application. Nano Today, 2012, 7 (4): 344 – 366.

[36] YANG P, ZHAO D, MARGOLESE D I, et al. Generalized syntheses of large-pore mesoporous metal oxides with semicrystalline frameworks. Nature, 1998, 396 (11): 152 – 155.

［37］ YU C, TIAN B, ZHAO D. Recent advances in the synthesis of non-siliceous mesoporous materials [J]. Current Opinion in Solid State and Materials Science, 2003, 7 (3): 191 – 197.

［38］ TIAN B, YANG H, LIU X, et al. Fast preparation of highly ordered nonsiliceous mesoporous materials via mixed inorganic precursors [J]. Chemical Communications, 2002 (17): 1824 – 1825.

［39］ CHEN H, NANAYAKKARA C E, GRASSIAN V H. Titanium dioxide photocatalysis in atmospheric chemistry [J]. Chemical Reviews, 2012, 112 (11): 5919 – 5948.

［40］ CHEN S, LI J, QIAN K, et al. Large scale photochemical synthesis of M@TiO₂ nanocomposites (M = Ag, Pd, Au, Pt) and their optical properties, CO oxidation performance, and antibacterial effect [J]. Nano Research, 2010, 3 (4): 244 – 255.

［41］ JAKOB M, LEVANON H, KAMAT P V. Charge Distribution between UV-Irradiated TiO₂ and Gold Nanoparticles: Determination of Shift in the Fermi Level [J]. Nano Letters, 2003, 3 (3): 353 – 358.

［42］ FOX M A, DULAY M T. Heterogeneous photocatalysis [J]. Chemical Reviews, 1993, 93 (1): 341 – 357.

［43］ TAING J, CHENG M H, HEMMINGER J C. Photodeposition of Ag or Pt onto TiO₂ nanoparticles decorated on step edges of HOPG [J]. ACS Nano, 2011, 5 (8): 6325 – 6333.

［44］ ZHANG H, LI X, CHEN G. Ionic liquid-facilitated synthesis and catalytic activity of highly dispersed Ag nanoclusters supported on TiO₂ [J]. Journal of Materials Chemistry, 2009, 19 (43): 8223 – 8231.

［45］ BERGER T, MONLLOR-SATOCA D, JANKULOVSKA M, et al. The electrohemistry of nanostructured titanium dioxide electrodes [J]. A European Journal of

Chemical Physics and Physical Chemistry, 2012, 13 (12): 2824 – 2875.

[46] GOMES SILVA C, JUÁREZ R, MARINO T, et al. Influence of excitation wavelength (UV or visible light) on the photocatalytic activity of titania containing gold nanoparticles for the generation of hydrogen or oxygen from water [J]. Journal of the American Chemical Society, 2010, 133 (3): 595 – 602.

[47] QU Y, DUAN X. Progress, challenge and perspective of heterogeneous photocatalysts [J]. Chemical Society Reviews, 2013, 42 (7): 2568 – 2580.

[48] MARSCHALL R. Semiconductor composites: strategies for enhancing charge carrier separation to improve photocatalytic activity [J]. Advanced Functional Materials, 2013.

[49] GUIJARRO N, LANA-VILLARREAL T, MORA-SERÓ I, et al. CdSe quantum dot-sensitized TiO_2 electrodes: effect of quantum dot coverage and mode of attachment [J]. The Journal of Physical Chemistry C, 2009, 113 (10): 4208 – 4214.

[50] BRUS V, ILASHCHUK M, KOVALYUK Z, et al. Electrical and photoelectrical properties of photosensitive heterojunctions n-TiO_2/p-CdTe [J]. Semiconductor Science and Technology, 2011, 26 (12): 125006.

[51] LESNYAK V, VOITEKHOVICH S V, GAPONIK P N, et al. CdTe nanocrystals capped with a tetrazolyl analogue of thioglycolic acid: aqueous synthesis, characterization and metal-assisted assembly [J]. ACS Nano, 2010, 4 (7): 4090 – 4096.

[52] RONSON T K, MCQUILLAN A J. Infrared spectroscopic study of calcium and phosphate ion coadsorption and of brushite crystallization on TiO_2 [J]. Langmuir, 2002, 18 (12): 5019 – 5022.

[53] SERPONE N, LAWLESS D, DISDIER J, et al. Spectroscopic, photoconductivity and photocatalytic studies of TiO_2 colloids: naked and with the lattice doped with

Cr^{3+}, Fe^{3+}, V^{5+} cations [J]. Langmuir, 1994, 10 (3): 643 – 652.

[54] SHAH S, LI W, HUANG C P, et al. Study of Nd^{3+}, Pd^{2+}, Pt^{4+} and Fe^{3+} dopant effect on photoreactivity of TiO_2 nanoparticles [J]. Proceedings of the National Academy of Sciences of the United States of America, 2002, 99 (2): 6482 – 6486.

[55] WANG X, LI J G, KAMIYAMA H. Wavelength-sensitive photocatalytic degradation of methyl orange in aqueous suspension over iron (III) – doped TiO_2 nanopowders under UV visible light irradiation [J]. The Journal of Physical Chemistry B, 2006, 110 (13): 6804 – 6809.

[56] SATHISH M, VISWANATHAN B, VISWANATH R, et al. Synthesis, characterization, electronic structure and photocatalytic activity of nitrogen-doped TiO_2 nanocatalyst [J]. Chemistry of Materials, 2005, 17 (25): 6349 – 6353.

[57] PARK J H, KIM S, BARD A J. Novel carbon-doped TiO_2 nanotube arrays with high aspect ratios for efficient solar water splitting [J]. Nano Letters, 2006, 6 (1): 24 – 28.

[58] YU J C, YU J, HO W, et al. Effects of F-doping on the photocatalytic activity and microstructures of nanocrystalline TiO_2 powders [J]. Chemistry of Materials, 2002: 14 (9): 3808 – 3816.

[59] UMEBAYASHI T, YAMAKI T, ITOH H, et al. Band gap narrowing of titanium dioxide by sulfur doping [J]. Applied Physics Letters, 2002, 81 (3): 454 – 456.

[60] ASAHI R, MORIKAWA T, OHWAKI T, et al. Visible-light photocatalysis in nitrogen-doped titanium oxides [J]. Science, 2001, 293 (7): 269 – 271.

[61] CHANDIRAN A K, SAUVAGE F D R, CASAS-CABANAS M, et al. Doping a TiO_2 photoanode with Nb^{5+} to enhance transparency and charge collection efficiency in dye-sensitized solar cells [J]. The Journal of Physical Chemistry C, 2010, 114 (37): 15849 – 15856.

［62］HSU S C, LIAO W P, LIN W H, et al. Modulation of photocarrier dynamics in indoline dye-modified TiO$_2$ nanorod array/P3HT hybrid solar cell with 4 – tert- butylpridine [J]. The Journal of Physical Chemistry C, 2012.

［63］KANG H, LEE C, YOON S C, et al. layer-by-layer assembled multilayer TiO$_x$ for efficient electron acceptor in polymer hybrid solar cells [J]. Langmuir, 2010, 26 (22): 17589 – 17595.

［64］LI G, SHROTRIYA V, HUANG J, et al. High-efficiency solution processable polymer photovoltaic cells by self-organization of polymer blends [J]. Nature materials, 2005, 4 (11): 864 – 868.

［65］HUYNH W U, DITTMER J J, ALIVISATOS A P. Hybrid nanorod-polymer solar cells [J]. Science, 2002, 295 (3): 2425 – 2427.

［66］HE Z, ZHONG C, SU S, et al. Enhanced power-conversion efficiency in polymer solar cells using an inverted device structure [J]. Nature Photonics, 2012, 6 (9): 593 – 597.

［67］CHEN S, SMALL C E, AMB C M, et al. Inverted polymer solar cells with reduced interface recombination [J]. Advanced Energy Materials, 2012, 2(11): 1333 – 1337.

［68］ZOU J, YIP H L, ZHANG Y, et al. High-performance inverted polymer solar cells: device characterization, optical modeling and hole-transporting modifications [J]. Advanced Functional Materials, 2012, 22 (13): 2804 – 2811.

［69］WANG D, HOU S, WU H, et al. Fiber-shaped all-solid state dye sensitized solar cell with remarkably enhanced performance via substrate surface engineering and TiO$_2$ film modification [J]. Journal of Materials Chemistry, 2011, 21 (17): 6383 – 6388.

［70］PARK M H, LI J H, KUMAR A, et al. Doping of the metal oxide nanostructure and its influence in organic electronics [J]. Advanced Functional Materials, 2009, 19 (8): 1241 – 1246.

[71] CHEN S, MANDERS J R, TSANG S W, et al. Metal oxides for interface engineering in polymer solar cells [J]. Journal of Materials Chemistry, 2012, 22 (46): 24202 – 24212.

[72] CAI X, HOU S, WU H, et al. All-carbon electrode-based fiber-shaped dye-sensitized solar cells [J]. Physical Chemistry Chemical Physics, 2012, 14 (1): 125 – 130.

[73] MOR G K, KIM S, PAULOSE M, et al. Visible to near-infrared light harvesting in TiO₂ nanotube array – P3HT based heterojunction solar cells [J]. Nano Letters, 2009, 9 (12): 4250 – 4257.

[74] LI S S, CHANG C P, LIN C C, et al. Interplay of three-dmensional morphologies and photocarrier dynamics of polymer/TiO₂ bulk heterojunction solar cells [J]. Journal of the American Chemical Society, 2011, 133 (30): 11614 – 11620.

[75] SALIM T, YIN Z, SUN S, et al. Solution-processed nanocrystalline TiO₂ buffer layer used for improving the performance of organic photovoltaics [J]. ACS Applied Materials & Interfaces, 2011, 3 (4): 1063 – 1067.

[76] 白木，子荫. 稀土发光材料的发光原理与应用 [J]. 灯与照明，2002（6）：19.

[77] 李建保，周益春. 新材料科学及其实用技术. 北京：清华大学出版社，2004.

[78] DIEKE G H, CRSSWHITE H M, CROSSWHITE H. Spectra and energy levels of rare earth ions in crystals, 1968.

[79] AUZEL F. Upconversion and anti-stokes processes with f and d ions in solids [J]. Chemical reviews, 2004, 104 (1): 139 – 174.

[80] ZOU X, IZUMITANI T. Spectroscopic properties and mechanisms of excited state absorption and energy transfer upconversion for Er^{3+} – doped glasses [J]. Journal

of Non-Crystalline Solids, 1993, 162 (1): 68 – 80.

[81] ANTICH P, TSYGANOV E, MALAKHOV N, et al. Avalanche photo diode with local negative feedback sensitive to UV, blue and green light. Nuclear Instruments and Methods in Physics Research Section A: Accelerators, Spectrometers, Detectors and Associated Equipment, 1997, 389 (3): 491 – 498.

[82] KUMAR R, NYK M, OHULCHANSKYY T Y, et al. Combined optical and MR bioimaging using rare earth ion doped $NaYF_4$ nanocrystals [J]. Advanced Functional Materials, 2009, 19 (6): 853 – 859.

[83] GUYOT Y, MANAA H, RIVOIRE J, et al. Excited-state-absorption and upconversion studies of Nd^{3+}- doped single crystals $Y_3Al_5O_{12}$, $YLiF_4$ and $LaMgAl_{11}O_{19}$ [J]. Physical Review B, 1995, 51 (2): 784.

[84] WANG F, DENG R, WANG J, et al. Tuning upconversion through energy migration in core-shell nanoparticles [J]. Nature materials, 2011, 10(12): 968 – 973.

[85] HWANG B C, JIANG S, LUO T, et al. Cooperative upconversion and energy transfer of new high Er^{3+} and Yb^{3+}– doped phosphate glasses [J]. JOSA B, 2000, 17 (5): 833 – 839.

[86] WANG Y, OHWAKI J. New transparent vitroceramics codoped with Er^{3+} and Yb^{3+} for efficient frequency upconversion [J]. Applied Physics Letters, 1993, 63 (24): 3268 – 3270.

[87] JOUBERT M F. Photon avalanche upconversion in rare earth laser materials [J]. Optical materials, 1999, 11 (2): 181 – 203.

[88] HEER S, KÖMPE K, GÜDEL H U, et al. Highly efficient multicolour upconversion emission in transparent colloids of lanthanide-Doped $NaYF_4$ nanocrystals [J]. Advanced Materials, 2004, 16 (23 – 24): 2102 – 2105.

［89］ CHUNG S J, KIM K S, LIN T C, et al. Cooperative enhancement of two-photon absorption in multi-branched structures [J]. The Journal of Physical Chemistry B, 1999, 103 (49): 10741 – 10745.

［90］ WANG F, LIU X. Recent advances in the chemistry of lanthanide-doped upconversion nanocrystals [J]. Chemical Society Reviews, 2009, 38 (4): 976 – 989.

［91］ ZHOU J, LIU Z, LI F. Upconversion nanophosphors for small-animal imaging [J]. Chemical Society Reviews, 2012, 41 (3): 1323 – 1349.

［92］ HAASE M, SCHÄFER H. Upconverting nanoparticles [J]. Angewandte Chemie International Edition, 2011, 50 (26): 5808 – 5829.

［93］ DIAMENTE P R, RAUDSEPP M, VAN VEGGEL F C. Dispersible Tm^{3+} -doped nanoparticles that exhibit strong $1.47 \mu m$ photoluminescence [J]. Advanced Functional Materials, 2007, 17 (3): 363 – 368.

［94］ VAN DIJK J, SCHUURMANS M. On the nonradiative and radiative decay rates and a modified exponential energy gap law for 4f-4f transitions in rare-earth ions [J]. The Journal of Chemical Physics, 1983, 78 (9): 5317 – 5323.

［95］ WANG L, LI Y. Na $(Y_{1.5}Na_{0.5})$ F_6 single-crystal nanorods as multicolor luminescent materials [J]. Nano letters, 2006, 6 (8): 1645 – 1649.

［96］ HU H, CHEN Z, CAO T, et al. Hydrothermal synthesis of hexagonal lanthanide-doped LaF_3 nanoplates with bright upconversion luminescence [J]. Nanotechnology, 2008, 19 (37).

［97］ LI Z, ZHANG Y. An efficient and user-friendly method for the synthesis of hexagonal-phase $NaYF_4$:Yb, Er/Tm nanocrystals with controllable shape and upconversion fluorescence [J]. Nanotechnology, 2008, 19 (34).

［98］ MAI H X, ZHANG Y W, SI R, et al. High-quality sodium rare-earth fluoride nanocrystals: controlled synthesis and optical properties [J]. Journal of the

American Chemical Society, 2006, 128 (19): 6426 – 6436.

[99] YI G S, CHOW G M. Synthesis of hexagonal-phase Nayf₄: Yb, Er and Nayf₄: Yb, Tm nanocrystals with efficient upconversion fluorescence [J]. Advanced Functional Materials, 2006, 16 (18): 2324 – 2329.

[100] CHEN G, OHULCHANSKYY T Y, KUMAR R, et al. Ultrasmall monodisperse NaYF₄:Yb³⁺/Tm³⁺ nanocrystals with enhanced near-infrared to near-infrared upconversion photoluminescence [J]. ACS Nano, 2010, 4 (6): 3163 – 3168.

[101] AN L, ZHANG J, LIU M, et al. Preparation and upconversion properties of Yb³⁺, Ho³⁺: Lu₂O₃ nanocrystalline powders [J]. Journal of the American Ceramic Society, 2005, 88 (4): 1010 – 1012.

[102] WANG X, KONG X, YU Y, et al. Effect of annealing on upconversion luminescence of ZnO: Er³⁺ nanocrystals and high thermal sensitivity [J]. The Journal of Physical Chemistry C, 2007, 111 (41): 15119 – 15124.

[103] CAPOBIANCO J A, VETRONE F, BOYER J C, et al. Enhancement of red emission (⁴F₉/₂→⁴I₁₅/₂) via upconversion in bulk and nanocrystalline cubic Y₂O₃: Er³⁺ [J]. The Journal of Physical Chemistry B, 2002, 106 (6): 1181 – 1187.

[104] GUO H, DONG N, YIN M, et al. Visible upconversion in rare earth ion-doped Gd₂O₃ nanocrystals [J]. The Journal of Physical Chemistry B, 2004, 108 (50): 19205 – 19209.

[105] TROMP R M, HANNON J B. Thermodynamics of nucleation and growth [J]. Surface Review and Letters, 2002 (9): 1565 – 1593.

[106] CUSHING B L, KOLESNICHENKO V L, O'CONNOR C J. Recent advances in the liquid-phase syntheses of inorganic nanoparticles [J]. Chemical Reviews, 2004, 104 (9): 3893 – 3946.

[107] EHLERT O, THOMANN R, DARBANDI M, et al. A four-color colloidal

multiplexing nanoparticle system [J]. ACS Nano, 2008, 2 (1): 120 – 124.

[108] LIU C, CHEN D. Controlled synthesis of hexagon shaped lanthanide-doped LaF_3 nanoplates with multicolor upconversion fluorescence [J]. Journal of Materials Chemistry, 2007, 17 (37): 3875 – 3880.

[109] HEER S, LEHMANN O, HAASE M, et al. Blue, green, and red upconversion emission from lanthanide-doped $LuPO_4$ and $YbPO_4$ nanocrystals in a transparent colloidal solution [J]. Angewandte Chemie International Edition, 2003, 42 (27): 3179 – 3182.

[110] JIA G, YOU H, SONG Y, et al. Facile synthesis and luminescence of uniform Y_2O_3 hollow spheres by a sacrificial template route [J]. Inorganic chemistry, 2010, 49 (17): 7721 – 7725.

[111] VETRONE F, NACCACHE R, MAHALINGAM V, et al. The active-core/active-shell approach: a strategy to enhance the upconversion luminescence in lanthan-idedoped nanoparticles [J]. Advanced Functional Materials, 2009, 19 (18): 2924 – 2929.

[112] WANG F, WANG J, LIU X. Direct evidence of a surface quenching effect on size-dependent luminescence of upconversion nanoparticles [J]. Angewandte Chemie, 2010, 122 (41): 7618 – 7622.

[113] CHEN G, ZHANG Y, SOMESFALEAN G, et al. Two-color upconversion in rare-earth-ion-doped ZrO_2 nanocrystals [J]. Applied Physics Letters, 2006, 89 (16): 163105 – 163108.

[114] WANG L, YAN R, HUO Z, et al. Fluorescence resonant energy transfer biosensor based on upconversion-luminescent nanoparticles [J]. Angewandte Chemie International Edition, 2005, 44 (37): 6054 – 6057.

[115] WANG F, LIU X. Upconversion multicolor fine-tuning: visible to near-infrared

emission from lanthanide-doped NaYF$_4$ nanoparticles [J]. Journal of the American Chemical Society, 2008, 130 (17): 5642 – 5643.

[116] TU D, LIU L, JU Q, et al. Time-resolved fret biosensor based on amine-functionalized lanthanide-doped NaYF$_4$ nanocrystals [J]. Angewandte Chemie International Edition, 2011, 50 (28): 6306 – 6310.

[117] WANG L, LI P, WANG L. Luminescent and hydrophilic LaF$_3$-polymer nanocomposite for DNA detection [J]. Luminescence, 2009, 24 (1): 39 – 44.

[118] HE M, HUANG P, ZHANG C, et al. Dual phase-controlled synthesis of uniform lanthanide-doped NaGdF$_4$ upconversion nanocrystals via an oa/ionic liquid two-phase system for in vivo dual-modality imaging [J]. Advanced Functional Materials, 2011, 21 (23): 4470 – 4477.

[119] CAPOBIANCO J A, VETRONE F, BOYER J C, et al. Enhancement of red emission ($^4F_{9/2} \rightarrow {}^4I_{15/2}$) via upconversion in bulk and nanocrystalline cubic Y$_2$O$_3$: Er^{3+} [J]. The Journal of Physical Chemistry B, 2002, 106 (6): 1181 – 1187.

[120] BOYER J C, VAN VEGGEL F C. Absolute quantum yield measurements of colloidal NaYF$_4$: Er^{3+}, Yb^{3+} upconverting nanoparticles [J]. Nanoscale, 2010, 2 (8): 1417 – 1419.

[121] WANG F, WANG J, LIU X. Direct evidence of a surface quenching effect on size-dependent luminescence of upconversion nanoparticles [J]. Angewandte Chemie, 2010, 122 (41): 7618 – 7622.

[122] YI G S, CHOW G M. Water-soluble NaYF$_4$: Yb, Er (Tm)/NaYF$_4$/polymer core/shell/shell nanoparticles with significant enhancement of upconversion fluorescence [J]. Chemistry of Materials, 2007, 19 (3): 341 – 343.

[123] GUO H, LI Z, QIAN H, et al. Seed-mediated synthesis of NaYF$_4$: Yb, Er/NaGdF$_4$ nanocrystals with improved upconversion fluorescence and MR

relaxivity [J]. Nanotechnology, 2010, 21 (12).

[124] WANG F, WANG J, LIU X. Direct evidence of a surface quenching effect on size-dependent luminescence of upconversion nanoparticles [J]. Angewandte Chemie International Edition, 2010, 49 (41): 7456 – 7460.

[125] FENG W, SUN L D, YAN C H. Ag nanowires enhanced upconversion emission of NaYF$_4$: Yb, Er nanocrystals via a direct assembly method [J]. Chemical Communications, 2009 (29): 4393 – 4395.

[126] LIU N, QIN W, QIN G, et al. Highly plasmon-enhanced upconversion emissions from Au@ β-NaYF$_4$: Yb, Tm hybrid nanostructures [J]. Chemical Communications, 2011, 47 (27): 7671 – 7673.

[127] ZHANG H, LI Y, IVANOV I A, et al. Plasmonic modulation of the upconversion fluorescence in NaY F$_4$: Yb/Tm hexaplate nanocrystals using gold nanoparticles or nanoshells [J]. Angewandte Chemie, 2010, 122 (16): 2927 – 2930.

[128] ZHANG F, BRAUN G B, SHI Y, et al. Fabrication of Ag@ SiO$_2$@ Y$_2$O$_3$: Er nanostructures for bioimaging: Tuning of the upconversion fluorescence with silver nanoparticles [J]. Journal of the American Chemical Society, 2010, 132 (9): 2850 – 2851.

[129] ZHANG F, SHI Q, ZHANG Y, et al. Fluorescence upconversion microbarcodes for multiplexed biological detection: nucleic acid encoding [J]. advanced materials, 2011, 23 (33): 3775 – 3779.

[130] XIONG L Q, CHEN Z G, YU M X, et al. Synthesis, characterization and in vivo targeted imaging of amine-functionalized rare-earth up-converting nanophosphors [J]. Biomaterials, 2009, 30 (29): 5592 – 5600.

[131] MILLIRON D J, HUGHES S M, CUI Y, et al. Colloidal nanocrystal heterostructures with linear and branched topology[J]. Nature, 2004, 430 (6996):

190 – 195.

［132］TALAPIN D V, LEE J S, KOVALENKO M V, et al. Prospects of colloidal nanocrystals for electronic and optoelectronic applications [J]. Chemical Reviews, 2010, 110 (1): 389.

［133］MENAGEN G, MACDONALD J E, SHEMESH Y, et al. Au growth on semiconductor nanorods: photoinduced versus thermal growth mechanisms [J]. Journal of The American Chemical Society, 2009, 131 (47): 17406 – 17411.

［134］XIA Y, YANG P, SUN Y, et al. One-dimensional nanostructures: synthesis, characterization, and applications [J]. Advanced Materials, 2003, 15 (5): 353 – 389.

［135］ZHANG Q, LIMA D Q, LEE I, et al. A highly active titanium dioxide based visible-light photocatalyst with nonmetal doping and plasmonic metal decoration [J]. Angewandte Chemie, 2011, 123 (31): 7226 – 7230.

［136］COZZOLI P D, COMPARELLI R, FANIZZA E, et al. Photocatalytic Synthesis of Silver Nanoparticles Stabilized by TiO_2 Nanorods: a semiconductor/metal nanocomposite in homogeneous nonpolar solution [J]. Journal of the American Chemical Society, 2004, 126 (12): 3868 – 3879.

［137］PETRONELLA F, FANIZZA E, MASCOLO G, et al. Photocatalytic activity of nanocomposite catalyst films based on nanocrystalline metal/semiconductors [J]. The Journal of Physical Chemistry C, 2011, 115 (24): 12033 – 12040.

［138］ZHENG Z, HUANG B, QIN X, et al. Facile in situ synthesis of visible-light plasmonic photocatalysts $M@TiO_2$ (M = Au, Pt, Ag) and evaluation of their photocatalytic oxidation of benzene to phenol [J]. Journal of Materials Chemistry, 2011, 21 (25): 9079 – 9087.

［139］TIAN Y, TATSUMA T. Mechanisms and applications of plasmon-induced charge separation at TiO_2 films loaded with gold nanoparticles [J]. Journal of the American

Chemical Society, 2005, 127 (20): 7632 – 7637.

[140] HIRAKAWA T, KAMAT P V. Charge separation and catalytic activity of Ag@TiO$_2$ core−shell composite clusters under UV−Irradiation [J]. Journal of the American Chemical Society, 2005, 127 (11): 3928 – 3934.

[141] SUBRAMANIAN V, WOLF E E, KAMAT P V. Catalysis with TiO$_2$/Gold nanocomposites effect of metal particle size on the fermi level equilibration [J]. Journal of the American Chemical Society, 2004, 126 (15): 4943 – 4950.

[142] YOU X, CHEN F, ZHANG J, et al. A novel deposition precipitation method for preparation of Ag-loaded titanium dioxide [J]. Catalysis Letters, 2005, 102 (3 – 4): 247 – 250.

[143] ZHANG Q, GE J, PHAM T, et al. Reconstruction of silver nanoplates by UV irradiation: tailored optical properties and enhanced stability [J]. Angewandte Chemie International Edition, 2009, 48 (19): 3516 – 3519.

[144] DINH C T, NGUYEN T D, KLEITZ F, et al. A new route to size and population control of silver clusters on colloidal TiO$_2$ nanocrystals [J]. ACS Applied Materials & Interfaces, 2011, 3 (7): 2228 – 2234.

[145] KAMAT P V. Meeting the clean energy demand: nanostructure architectures for solar energy conversion [J]. The Journal of Physical Chemistry C, 2007, 111 (7): 2834 – 2860.

[146] ZHANG D, CHOY W C H, XIE F, et al. Plasmonic electrically functionalized TiO$_2$ for high-performance organic solar cells [J]. Advanced Functional Materials, 2013, 23(34)：4255-4261.

[147] CHOI H, KO S J, CHOI Y, et al. Versatile surface plasmon resonance of carbon-dot-supported silver nanoparticles in polymer optoelectronic devices [J]. Nature Photonics, 2013, 7 (9): 732 – 738.

［148］ XU M F, ZHU X Z, SHI X B, et al. Plasmon resonance enhanced optical absorption in inverted polymer/fullerene solar cells with metal nanoparticle-doped solution-processable TiO$_2$ layer [J]. ACS Applied Materials & Interfaces, 2013, 5 (8): 2935 – 2942.

［149］ PEARSON W. Lattice spacings and structures of metals and alloys [M]. Oxford: Pergamon Press, 1958.

［150］ 黄惠忠. 材料学：纳米材料分析. 北京：化学工业出版社，2003.

［151］ 叶恒强，王元明. 透射电子显微学进展. 北京：科学出版社，2003.

［152］ 朱永法. 纳米材料的表征与测试技术. 北京：化学工业出版社，2006.

［153］ JOO J, KWON S G, YU T, et al. Large-scale synthesis of TiO$_2$ nanorods via nonhydrolytic sol−gel ester elimination reaction and their application to photocatalytic inactivation of e coli [J]. The Journal of Physical Chemistry B, 2005, 109 (32): 15297 – 15302.

［154］ ZHANG H, FINNEGAN M, BANFIELD J F. Preparing single-phase nanocrystalline anatase from amorphous titania with particle sizes tailored by temperature [J]. Nano Letters, 2000, 1 (2): 81 – 85.

［155］ CHOI W, TERMIN A, HOFFMANN M R. The role of metal ion dopants in quantum-sized TiO$_2$: correlation between photoreactivity and charge carrier recombination dynamics [J]. The Journal of Physical Chemistry, 1994, 98 (51): 13669 – 13679.

［156］ SHKROB I A, SAUER M C. Hole scavenging and photo-stimulated recombination of electron−hole pairs in aqueous TiO$_2$ nanoparticles [J]. The Journal of Physical Chemistry B, 2004, 108 (33): 12497 – 12511.

［157］ YOU J, LI X, XIE F X, et al. Surface plasmon and scattering-enhanced low-bandgap polymer solar cell by a metal grating back electrode [J]. Advanced

Energy Materials, 2012, 2 (10): 1203 – 1207.

[158] XIAO Y, YANG J P, CHENG P P, et al. Surface plasmon-enhanced electrolumin-escence in organic light-emitting diodes incorporating Au nanoparticles [J]. Applied Physics Letters, 2012, 100 (1).

[159] WANG C C, CHOY W C, DUAN C, et al. Optical and electrical effects of gold nanoparticles in the active layer of polymer solar cells [J]. Journal of Materials Chemistry, 2012, 22 (3): 1206 – 1211.

[160] SUBRAMANIAN V, WOLF E E, KAMAT P V. Influence of metal/metal ion concentration on the photocatalytic activity of TiO$_2$–Au composite nanoparticles [J]. Langmuir, 2002, 19 (2): 469 – 474.

[161] CHAN S C, BARTEAU M A. Preparation of highly uniform Ag/TiO$_2$ and Au/TiO$_2$ supported nanoparticle catalysts by photodeposition [J]. Langmuir, 2005, 21 (12): 5588 – 5595.

[162] MOHAMED H H, DILLERT R, BAHNEMANN D W. Kinetic and mechanistic investigations of the light induced formation of gold nanoparticles on the surface of TiO$_2$ [J]. Chemistry – A European Journal, 2012, 18 (14): 4314 – 4321.

[163] ZHANG Q, JOO J B, LU Z, et al. Self-assembly and photocatalysis of mesoporous TiO$_2$ nanocrystal clusters [J]. Nano Research, 2011, 4 (1): 103 – 114.

[164] JOO J B, ZHANG Q, DAHL M, et al. Control of the nanoscale crystallinity in mesoporous TiO$_2$ shells for enhanced photocatalytic activity. Energy & Environmental Science, 2012, 5 (4): 6321 – 6327.

[165] COZZOLI P D, CURRI M L, GIANNINI C, et al. Synthesis of TiO$_2$ - Au composites by titania-nanorod-assisted generation of gold nanoparticles at aqueous/nonpolar interfaces [J]. Small, 2006, 2 (3): 413 – 421.

[166] SAHYUN M R V, SERPONE N. Primary events in the photocatalytic deposition

of silver on nanoparticulate TiO$_2$ [J]. Langmuir, 1997, 13 (19): 5082 – 5088.

[167] YU H, CHEN M, RICE P M, et al. Dumbbell-like bifunctional Au-Fe$_3$O$_4$ nanoparticles [J]. Nano Letters, 2005, 5 (2): 379 – 382.

[168] XU C, XIE J, HO D, et al. Au-Fe$_3$O$_4$ dumbbell nanoparticles as dual-functional probes [J]. Angewandte Chemie International Edition, 2008, 47 (1): 173 – 176.

[169] XING M Y, YANG B X, YU H, et al. Enhanced photocatalysis by Au nanoparticle loading on TiO$_2$ single-crystal (001) and (110) facets [J]. The Journal of Physical Chemistry Letters, 2013, 4 (22): 3910 – 3917.

[170] LU X, TUAN H Y, KORGEL B A, et al. Facile synthesis of gold nanoparticles with narrow size distribution by using AuCl or AuBr as the precursor [J]. Chemistry-A European Journal, 2008, 14 (5): 1584 – 1591.

[171] CHEN S F, LI J P, QIAN K, et al. Large scale photochemical synthesis of M@ TiO$_2$ nanocomposites (M=Ag, Pd, Au, Pt) and their optical properties, CO oxidation performance, and antibacterial effect [J]. Nano Research, 2010, 3 (4): 244 – 255.

[172] COZZOLI P D, CURRI M L, GIANNINI C, et al. Synthesis of TiO$_2$- Au composites by titania-nanorod-assisted generation of gold nanoparticles at aqueous/nonpolar interfaces [J]. Small, 2006, 2 (3): 413 – 421.

[173] ZHENG Z, HUANG B, QIN X, et al. Facile in situ synthesis of visible-light plasmonic photocatalysts M@TiO$_2$ (M=Au, Pt, Ag) and evaluation of their photocatalytic oxidation of benzene to phenol [J]. Journal of Materials Chemistry, 2011, 21 (25): 9079 – 9087.

[174] WILSON R, COSSINS A R, SPILLER D G. Encoded microcarriers for high-throughput multiplexed detection [J]. Angewandte Chemie International Edition, 2006, 45 (37): 6104 – 6117.

[175] MEDINTZ I L, UYEDA H T, GOLDMAN E R, et al. Quantum dot bioconjugates for imaging, labelling and sensing [J]. Nature materials, 2005, 4 (6): 435 – 446.

[176] HAN M, GAO X, SU J Z, et al. Quantum-dot-tagged microbeads for multiplexed optical coding of biomolecules. Nature Biotechnology, 2001, 19 (7): 631 – 635.

[177] SILVERSMITH A J, LENTH W, MACFARLANE R M. Green infrared-pumped erbium upconversion laser [J]. Applied Physics Letters, 1987, 51 (24): 1977 – 1979.

[178] CHEN D, YU Y, HUANG P, et al. Optical spectroscopy of Eu^{3+} and Tb^{3+} doped glass ceramics containing $LiYbF_4$ nanocrystals [J]. Applied Physics Letters, 2009, 94 (4): 041909.

[179] HEER S, LEHMANN O, HAASE M, et al. Blue, green and red upconversion emission from lanthanide-doped $LuPO_4$ and $YbPO_4$ nanocrystals in a transparent colloidal solution [J]. Angewandte Chemie International Edition, 2003, 42 (27): 3179 – 3182.

[180] WANG F, XUE X, LIU X. Multicolor tuning of (Ln, P)-doped YVO_4 nanoparticles by single-wavelength excitation [J]. Angewandte Chemie International Edition, 2008, 47 (5): 906 – 909.

[181] CHEN G Y, ZHANG Y G, SOMESFALEAN G, et al. Two-color upconversion in rare-earth-ion-doped ZrO_2 nanocrystals [J]. Applied Physics Letters, 2006, 89 (16): 163105.

[182] CHEN G Y, LIU Y, ZHANG Y G, et al. Bright white upconversion luminescence in rare-earth-ion-doped Y_2O_3 nanocrystals [J]. Applied Physics Letters, 2007, 91 (13): 133103.

[183] PIRES A, HEER S, GÜDEL H, et al. Er, Yb doped yttrium based nanosized phosphors: particle size, "host lattice" and doping ion concentration effects on

upconversion efficiency [J]. Journal of Fluorescence, 2006, 16 (3): 461 – 468.

[184] PIRES A M, SERRA O A, HEER S, et al. Low-temperature upconversion spectroscopy of nanosized Y_2O_3: Er, Yb phosphor [J]. Journal of Applied Physics, 2005, 98 (6): 063529.

[185] BAI X, SONG H, PAN G, et al. Size-dependent upconversion luminescence in Er^{3+}/Yb^{3+} – codoped nanocrystalline yttria: saturation and thermal effects [J]. The Journal of Physical Chemistry C, 2007, 111 (36): 13611 – 13617.

[186] VETRONE F, BOYER J C, CAPOBIANCO J A, et al. Significance of Yb^{3+} concentration on the upconversion mechanisms in codoped Y_2O_3: Er^{3+}, Yb^{3+} nanocrystals [J]. Journal of Applied Physics, 2004, 96 (1): 661 – 667.

[187] QIN X, YOKOMORI T, JU Y. Flame synthesis and characterization of rare-earth (Er^{3+}, Ho^{3+}, and Tm^{3+}) doped upconversion nanophosphors [J]. Applied Physics Letters, 2007, 90 (7): 073104.

[188] PORTALÈS H, GOUBET N, SAVIOT L, et al. Crystallinity dependence of the plasmon resonant raman scattering by anisotropic gold nanocrystals [J]. ACS nano, 2010, 4 (6): 3489 – 3497.

[189] 杨南如. 无机非金属材料测试方法. 武汉:武汉工业大学出版社,1990.

[190] READEY M J, LEE R R, HALLORAN J W, et al. Processing and Sintering of Ultrafine MgO-ZrO_2 and (MgO, Y_2O_3)-ZrO_2 Powders [J]. Journal of the American Ceramic Society, 1990, 73 (6): 1499 – 1503.

[191] JADHAV A P, KIM C W, CHA H G, et al. Effect of different surfactants on the size control and optical properties of Y_2O_3: Eu^{3+} nanoparticles prepared by coprecipitation method [J]. The Journal of Physical Chemistry C, 2009, 113 (31): 13600 – 13604.

[192] PANG Q, SHI J, LIU Y, et al. A novel approach for preparation of Y_2O_3:

Eu³⁺ nanoparticles by microemulsion-microwave heating [J]. Materials Science and Engineering: B, 2003, 103 (1): 57 – 61.

[193] LI N, YANAGISAWA K. Controlling the morphology of yttrium oxide through different precursors synthesized by hydrothermal method [J]. Journal of Solid State Chemistry, 2008, 181 (8): 1738 – 1743.

[194] BAI X, SONG H, YU L, et al. Luminescent properties of pure cubic phase Y₂O₃/Eu³⁺ nanotubes/nanowires prepared by a hydrothermal method [J]. The Journal of Physical Chemistry B, 2005, 109 (32): 15236 – 15242.

[195] DHANARAJ J, JAGANNATHAN R, KUTTY T R N, et al. Photoluminescence characteristics of Y₂O₃/Eu³⁺ nanophosphors prepared using sol-gel thermolysis [J]. The Journal of Physical Chemistry B, 2001, 105 (45): 11098 – 11105.

[196] ZHAI Y Q, YAO Z H, QIU M D, et al. Synthesis and characterization of Y₂O₃/Eu³⁺ nanopowder via EDTA complexing sol-gel process [J]. Materials Letters, 2003, 57 (19): 2901 – 2906.

[197] YAN T, ZHANG D, SHI L. Reflux synthesis, formation mechanism, and photoluminescence performance of monodisperse Y₂O₃/Eu³⁺ nanospheres [J]. Materials Chemistry and Physics, 2009, 117 (1): 234 – 243.

[198] ZHANG J, WANG S, RONG T, et al. Upconversion luminescence in Er³⁺ doped and Yb³⁺/Er³⁺ codoped yttria nanocrystalline powders [J]. Journal of the American Ceramic Society, 2004, 87 (6): 1072 – 1075.

[199] WANG F, HAN Y, LIM C S, et al.Simultaneous phase and size control of upconversion nanocrystals through lanthanide doping [J]. Nature, 2010, 463 (7284): 1061 – 1065.

[200] CAO T, YANG Y, GAO Y, et al. High-quality water-soluble and surface-functionalized upconversion nanocrystals as luminescent probes for bioimaging

[J]. Biomaterials, 2011, 32 (11): 2959 – 2968.

[201] SHI W, ZENG H, SAHOO Y, et al. A general approach to binary and ternary hybrid nanocrystals [J]. Nano Letters, 2006, 6 (4): 875 – 881.

[202] LU Q, HOU Y, TANG A, et al. Upconversion multicolor tuning: red to green emission from Y_2O_3:Er, Yb nanoparticles by calcination [J]. Applied Physics Letters, 2013, 102 (23).

后　记

　　本书的工作是在我的导师侯延冰教授的悉心指导下完成的。在我硕士两年、博士四年的学习过程中，侯老师在我学习和生活中给予我许多无私的关怀和帮助。侯老师治学严谨、知识渊博、经验丰富，从他身上我不仅学习到了科学的研究方法，更明白了许多为人处世的道理。坐在灯下，回忆起过去六年的点点滴滴，侯老师的敦敦教诲和悉心指导让我受益终身：每当在科研中遇到困难，侯老师总是帮助我们一次又一次地分析实验结果、找出原因；当实验需要更精确的光学表征时，侯老师又带领我们一起搭建测试设备，摸索测试条件；第一次写文章不顺利，侯老师又教我如何组织实验数据，梳理文章思路；每当我发表文章将好消息告诉侯老师时，侯老师在为之高兴的同时，总是给予更多的鼓励，让我们能够在科研之路上继续努力。同时，侯老师严以律己、宽以待人、平易近人、事必躬亲的人格魅力更是给予我的一笔巨大财富。往事历历，六年的相处，我能想到的太多太多：不小心弄断半导体激光器，侯老师没有批评，反而会微笑着教我如何重新组装，告诫我们下次仪器出了问题要及时跟他讲，不要耽误了实验进度，更不要影响别人使用；晚上做实验忘记关通风橱的排风，影响了家属区居民的休息，侯老师半夜亲自关掉通风，第二天，当我心怀忐忑地进入他的办公室后，侯老师并没有大声训斥、责骂，反而善意地告诫我们晚上做实验最好结个伴，出实验室前检查水电是否关掉，注意安全。六年来，我从侯老师身上学到了太多太多，他赠给我们的三句话会让我受益终身：要有积极向上的心态，要有强健的身体，再去坚持不懈地成就一番事业。我的成长离不开侯老师的支持、关心、帮助和指导，在此，由衷感谢六年来侯老师对我的关心和指导。

非常感谢课题组滕枫教授和唐爱伟副教授在科研方面的悉心指导和帮助。他们专业的眼光与扎实的基础，帮助我从实验中去伪存真，将一个个课题变成一篇篇文章。特别是唐老师，从我的师兄变成我的老师；相处六年，无论他身在交大光电所、中科院半导体所、还是交大理学院，从未间断对我的指导及对我生活的帮助。六年间，我们为重要的实验细节而探讨，也为课题上的意见分歧而辩论。从旧课题到新方向，漫漫科研长路上，都留下我们共同奋斗过的足迹。在此，我也由衷感谢二位老师对我的关怀和帮助。

课题组娄志东教授、邓振波教授、胡煜峰教授和刘小君副教授在学习方面给予过我悉心指导和帮助，对于我的科研工作和论文都提出了许多的宝贵意见，在此表示衷心的感谢。北京交通大学光电所王永生教授、黄世华教授、何大伟教授、何志群教授、张福俊教授、彭洪尚副教授给予我许多学业和生活上的帮助，在此予以衷心感谢。

同时感谢课题组王琰师姐、冯志慧师姐、张波师兄、陆运章师兄、方一师兄、孟令川师兄、殷月红同学在学习和生活中给予的支持和帮助，并祝以上已经毕业的同学前程似锦。感谢宁宇、吕龙峰等同学在光伏器件制备及测试等研究工作中给予的热情帮助，同时感谢朱丽杰同学对本书提出的宝贵意见，祝他们早日毕业。也感谢李旭、秦亮、李剑焘、林涛、刘宇譞、伊然、樊星、吴怀浩、王小卉等同学在生活中的朝夕相伴和殷切关怀。感谢我的舍友李盼来同学，生活中和科研上的建议让我受益匪浅。

在美国留学期间，我跟随 Yadong Yin（殷亚东）副教授进行了两年的学习。Yin 教授平易近人，自信乐观，科研条理清晰，对实验中出现的各种现象都有独到的见解，而对于发表的每篇文章的要求都达到了苛刻的程度。两年间，我从他的身上学到了太多东西。在纳米合成方面，我逐渐入门。而比起重复实验，掌握实验配方更重要的，我学到的是严谨的科研思路和组织架构文章的能力。曾记得，第一次英文组会，我紧张到语无伦次，Yadong 的幽默化解了我回答不出问题的尴尬；也曾记得，无数个周五的下午，Yadong 在实验室里耐心地和我梳理实验内容和结果。科研工作中，每每遇到问题，他总是能够一眼看出问题所在，并给予悉心指导；生活中，他总是保持着乐观的心态，时刻面带微笑，在他的身上，我体会到了知识带来的自信及幽默化解问题的方法。从第一次学做油相实验，第一次操作电子显微镜，第一次在美国材料学会做口头报告，无数个瞬间承载着我自身的提高。可以说，有了他的指导，我看得更远，也少走了许多弯路。生活中，每逢中西佳节，Yadong 总会叫我们一起聚餐、唱歌、打牌，丰富了我们的课余生活，也排解了我们的思乡之苦。在此，我特别感谢 Yadong，还有他的夫人 Yu Lu 博士——我们熟悉、亲切的师母，感谢您二位两年以来对我无数的关怀和指导，我一生受益匪浅。

同时感谢 Yadong 组内各位同学，特别感谢 Zhenda Lu 博士和 Qiao Zhang 博士给我巨大的指导和帮助，二位的科研能力与为人处事态度都值得我学习。感谢 Le He 博士、Jibong Joo 博士、Geon Dae Moon 博士、Chuanbo Gao 博士、Wenshou Wang 博士，以及 Mingsheng Wang、Yiding Liu、Yaocai Bai、Wenjing Xu、James Goebl、Michael Dahl 对我两年来的帮助。同时感谢一同访学的 Jie Han 博士、Fangquan Xia 博士、Shengyang Tao 博士、Minfen Gu 博士、Jinzhong Zhang 博士、Xiaofang Liu 博士、Jinbing Liu 博士、Na Li 博士、Jiemei Lei 博士及 Hongxia Yu、Lishun Fu、Hongyan Liu 等同学，你们不仅给我很多帮助，而且给予我带来更多的快乐。感谢你们！

感谢国家留学基金委资助我出国深造，让我有了增长知识、开拓眼界的机会。

最后感谢我的父母及家人，他们无怨无悔的理解和支持，生活上的照顾，给予我不尽的动力。让他们将来过得更好，给他们幸福，是我在未来努力奋斗的更大动力。

鲁启鹏